科普知识博览·微生物百科

细菌
XI JUN

王经胜 /编著

图书在版编目（CIP）数据

细菌 / 王经胜编著. -- 北京：北京联合出版公司，
2013.9（2022.1 重印）
（科普知识博览·微生物百科）
ISBN 978-7-5502-1918-2

Ⅰ. ①细… Ⅱ. ①王… Ⅲ. ①细菌 Ⅳ. ①Q939.1-49

中国版本图书馆 CIP 数据核字（2013）第 216406 号

主　编：王经胜
选题策划：天天向上
责任编辑：王　巍
封面设计：尚世视觉
版式设计：杰

北京联合出版公司出版
（北京市西城区德外大街83号楼9层 100088）
北京一鑫印务有限责任公司印刷　新华书店经销
字数 100 千字　710 毫米 × 1092 毫米　1/16　12 印张
2013 年 10 月第 1 版　2022 年 1 月第 12 次印刷
ISBN 978-7-5502-1918-2
定价：49.80 元

Science Book

未经许可，不得以任何方式复制或抄袭本书部分或全部内容
版权所有，侵权必究
本书若有质量问题，请与本公司图书销售中心联系调换。

北京联合出版公司
Beijing United Publishing Co., Ltd.

图书在版编目（CIP）数据

细菌 / 王经胜编著 .-- 北京：北京联合出版公司，2013.9（2022.1重印）

（科普知识博览·微生物百科）

ISBN 978-7-5502-1918-2

Ⅰ.①细… Ⅱ.①王… Ⅲ.①细菌—普及读物 Ⅳ.①Q939.1-49

中国版本图书馆CIP数据核字（2013）第216406号

细 菌

编　　著：王经胜
选题策划：天昊书苑
责任编辑：王　巍
封面设计：尚世视觉
版式设计：程　杰

北京联合出版公司出版
（北京市西城区德外大街83号楼9层　100088）
北京一鑫印务有限责任公司印刷　新华书店经销
字数100千字　710毫米×1092毫米　1/16　12印张
2013年10月第1版　2022年1月第3次印刷
ISBN 978-7-5502-1918-2
定价：49.80元

未经许可，不得以任何方式复制或抄袭本书部分或全部内容
版权所有，侵权必究
本书若有质量问题，请与本公司图书销售中心联系调换。

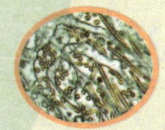  

前言
Preface

　　青少年是我们国家的未来，是实现中华民族伟大复兴的主力军。对于青少年来说，他们正处于博学求知的黄金时期。除了认真学习课本上的知识外，他们还应该广泛吸收课外的知识。青少年所具备的科学素质和他们对待科学的态度，对他们未来的成长会有深远的影响。因此，对青少年的科普教育和普及是极为必要的，这不仅可以丰富他们的学习、增加他们的想象力和思维能力，而且可以开阔他们的眼界、提高他们的知识面和创新精神。

　　本套《科普知识博览》丛书属于趣味型科普丛书，这是一套专为青少年量身打造的科普读物，它向读者展示了一个生动有趣的科普世界。翻开本套丛书，你会发现：科普知识不再如课本里讲述的那样乏味枯燥，而是变得鲜活、生动起来；科普知识不再是抽象的定理和公式，而早已渗透到我们生活的方方面面。通过这些富有神秘性、趣味性的知识话题，来满足读者的求知欲与好奇心。

　　本套系列书为了迎合广大青少年读者的阅读兴趣，配有相应的图文解说和介绍，多元素图文并茂的编排方式，再加上简约、大方的版式设计让人赏心悦目，使本书的知识内容变得更加的鲜活亮丽。在提高青少年感观效果的阅读时，享受这科普世界无穷无尽的乐趣。

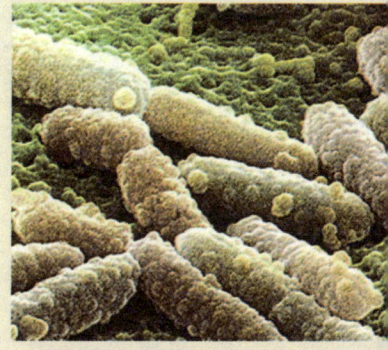
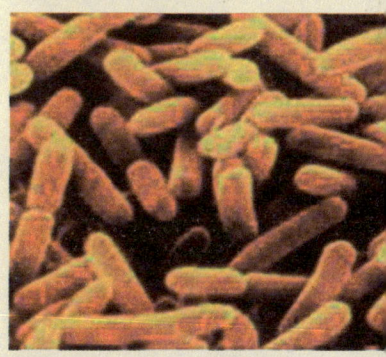
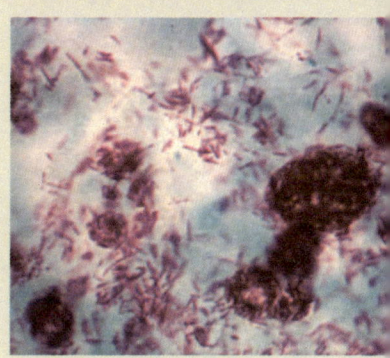
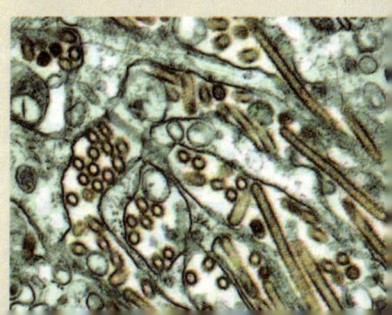

前言 Preface

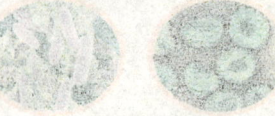

青少年是我们国家的未来，是实现中华民族伟大复兴的主力军。对于青少年来说，他们正处于掌握知识的黄金时期。除了认真学习课本上的知识外，他们还应该广泛涉猎课外的知识。青少年期具备的科学素养直接影响他们将来科学的态度，对他们未来的成长会有深远的影响。因此，对青少年的科普教育和普及就显得尤为重要，这不仅可以丰富他们的学习，增加他们的想象力和思维能力，而且可以开阔他们的视野，提高他们的动手动脑能力和创新精神。

本套《科普动物精灵》丛书是基于上述目的而编写的，它是一套专为青少年量身打造的科普读物。它向读者展示了一个生动有趣的科普世界。读后你会发现：科普故事不再枯燥难懂，样子也不再严肃，而是变得鲜活、生动起来；科普知识不再是枯燥的定义和公式，而是已经渗透到我们生活的方方面面。通过这些生动的讲述，增长了我们的知识，开阔了我们的视野，激发了我们对未知探索的热情。

本套丛书结合了现在广大青少年读者的阅读兴趣，融有趣的图画与精美的文字于一体。精彩的排版方式，再加上简约、大方的版式设计，让人赏心悦目。使本书的内容更加丰富多彩，旨在提高青少年读者的阅读兴趣的同时，享受这种科普知识带来的美妙无穷的乐趣。

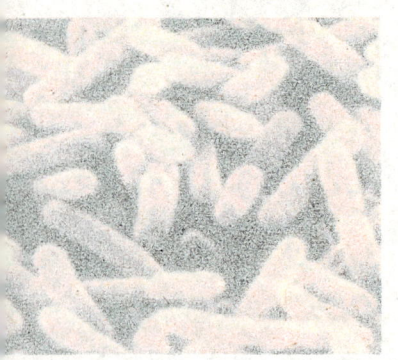
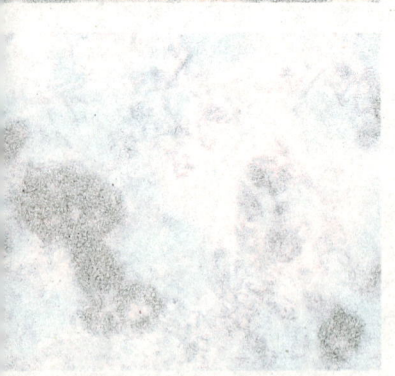
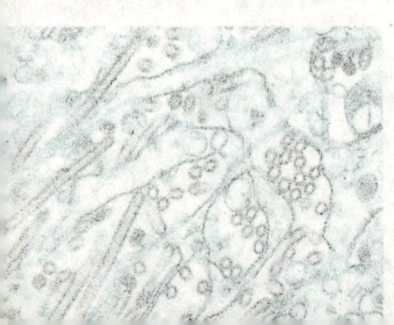

Contents 目录

科普知识博览·微生物百科

第一章
细菌综述

细菌简介 …………………… 003

细菌的研究简史 …………… 004

细菌的两大类群 …………… 007

细菌的结构 ………………… 017

细菌的"生活" ……………… 029

细菌的主要形态 …………… 031

细菌的表现特征 …………… 037

影响细菌的物理因素 ……… 039

细菌的营养物质 …………… 041

细菌的繁殖 ………………… 045

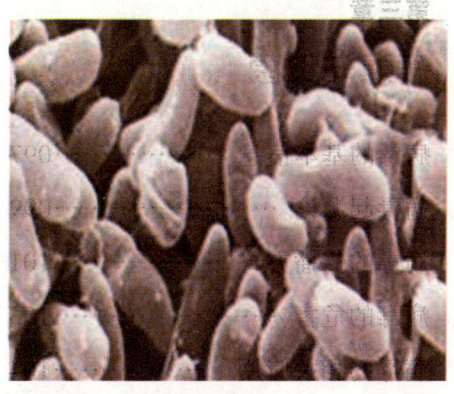

细菌的能量代谢 …………… 055

细菌与真菌的区别 ………… 056

第二章
细菌的类别与分布

细菌的分类方法简介 ……… 061

细菌的分类系统和命名 …… 063

普通细菌分类 ……………… 064

细菌类别 …………………… 070

细菌在自然界的分布情况 … 092

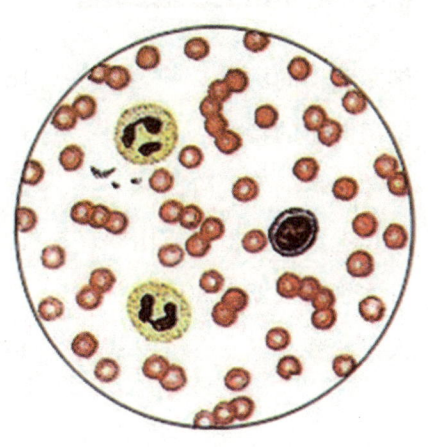

Contents 目录

科普知识博览·微生物百科

第三章
病毒与细菌

病毒的基本信息 …………… 097
病毒起源论 ………………… 099
病毒的传播方式 …………… 101
病毒的危害 ………………… 103
病毒的相关应用 …………… 104
病毒和细菌的区别 ………… 106
细菌性与病毒性呼吸道
感染的区别 ………………… 108
病毒性疾病 ………………… 110
细菌性疾病 ………………… 152

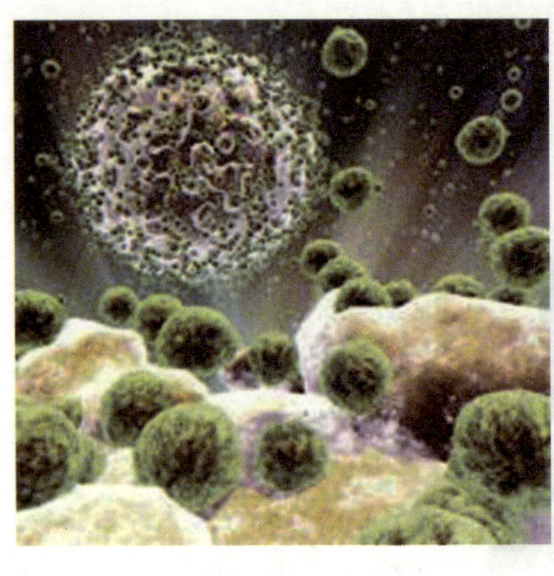

第四章
骇人听闻的细菌武器

细菌武器的历史 …………… 169
细菌武器的特点 …………… 172
细菌武器的发展阶段 ……… 173
战场上细菌武器的使用 …… 174
日本细菌武器对我国
人民的残害 ………………… 178

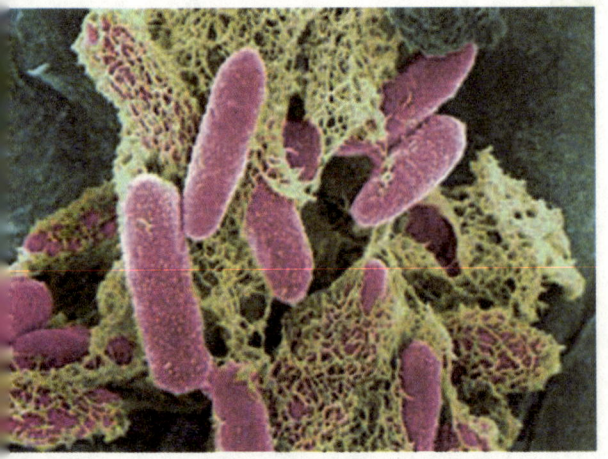

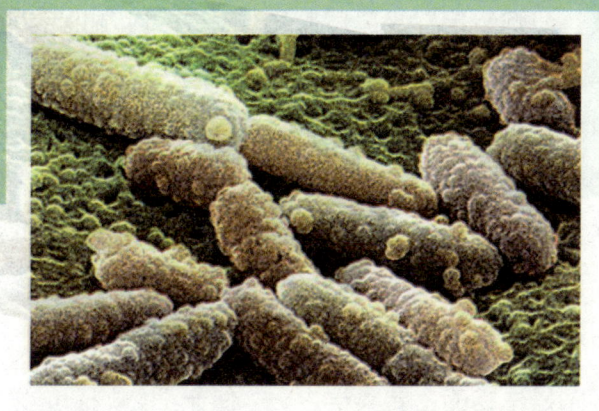

第一章 细菌综述

细菌是所有生物中数量最多的一类，据估计，其总数约有 5×1030 个。细菌的个体非常小，目前已知最小的细菌只有 0.2 微米长，因此大多只能在显微镜下看到它们。细菌一般是单细胞，细胞结构简单，缺乏细胞核、细胞骨架以及膜状胞器例如粒线体和叶绿体，但是有细胞壁。根据细胞壁的组成成分，细菌分为革兰氏阳性菌和革兰氏阴性菌。"革兰氏"来源于汉斯·克里斯蒂安·革兰，他发明了革兰氏染色。有些细菌细胞壁外有多糖形成的荚膜，形成了一层遮盖物或包膜。荚膜可以帮助细菌在干旱季节处于休眠状态，并能储存食物和处理废物。

　　细菌是生物的主要类群之一，属于细菌域。广义的细菌即为原核生物，是指一大类细胞核无核膜包裹，只存在称作核区（或拟核）的裸露 DNA 的原始单细胞生物，包括真细菌和古生菌两大类群。其中除少数属古生菌外，多数的原核生物都是真细菌。可粗分为 6 种类型，即细菌（狭义）、放线菌、螺旋体、支原体、立克次氏体和衣原体。人们通常所说的即为狭义的细菌，狭义的细菌为原核微生物的一类，是一类形状细短，结构简单，多以二分裂方式进行繁殖的原核生物，是在自然界分布最广、个体数量最多的有机体，是大自然物质循环的主要参与者。本章接下来主要介绍细菌的相关知识，以飨读者。

第一章 细菌综述

细菌简介

细菌是一类没有细胞核膜和细胞器膜的单细胞微生物，另一类是古细菌。细菌是最古老、数量最多的生物。细菌广泛分布于土壤和水中，或者与其他生物共生。人体身上也带有相当多的细菌。据估计，人体内及表皮上的细菌细胞总数约是人体细胞总数的十倍。此外，也有部分种类分布在极端的

温 泉

环境中，例如温泉，甚至是放射性废弃物中，它们被归类为嗜极生物。

其中最著名的种类之一是海栖热孢菌，科学家是在意大利的一座海底火山中发现这种细菌的。然而，细菌的种类是如此之多，科学家研究过并命名的种类只占其中的小部分。细菌域下所有门中，只有约一半包含能在实验室培养的种类。

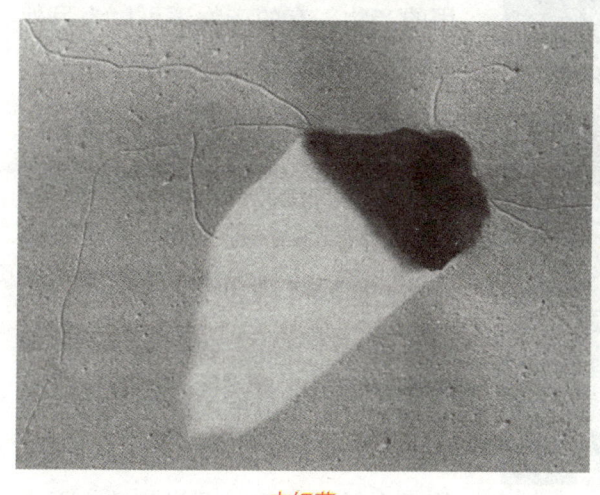

古细菌

细菌的研究简史

在 1676 年,列文虎克首先发现口腔中的细菌,当时叫做"微小生物"。1861 年,巴斯德用他那有名的鹅颈瓶所做的实验有力地证明了空气中有细菌存在。他还根据自己对发酵作用的研究,指出空气中存在许多种细菌,它们的生命活动能引起有机物的发酵,产生各种有

列文虎克

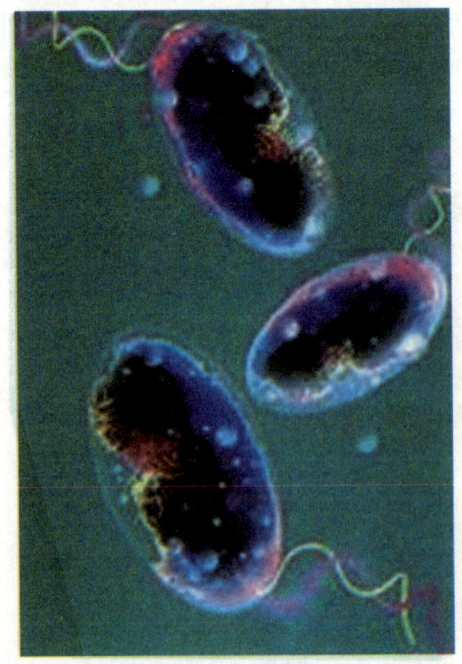

霍乱弧菌

用的产物。有的产物还可以为另外的细菌后继发酵,产生不曾有的产物。

空气中也存在着人和动物的病原菌,能引起各种疾病。为了排除杂菌,巴斯德于 1886 年创造了巴氏消毒法。1877 年,英国化学家廷德尔建立了间歇灭菌法或称廷氏灭菌法,1876 年创立了无菌外科。同年,德国人科赫分离出了炭疽菌,提出

第一章 细菌综述

有名的科赫法则。他为了弄清霍乱弧菌与形态上无法区别的其他弧菌的不同,进行了生理、生物化学方面的研究,使医学细菌学得到率先发展。

1880年前后,巴斯德研究出鸡霍乱、炭疽、猪丹毒的菌苗,奠定了免疫学的基础。科赫首先采用平板法得到炭疽菌的单个菌落,肯定了细菌的形态和功能是比较恒定的。自从单形性学说取得初步胜利之后,就建立了以形态大小为基础的细菌分类体系,随后又用生理、生物化学特性作为分类的依据,使细菌分类学的内容逐步得到充实。

19世纪的最后20年,细菌学的发展超越出了医学细菌学的范畴,工业细菌学、农业细菌学也迅速建立和发展起来。1885—1890年,维诺格拉茨基配成纯无机培养基,用硅胶平板分离出自养菌(硝化细菌、硫化细菌

巴斯德

硝化细菌

等),还研制了一种"丰富培养法",能比较容易地把需要的细菌从自然环境中选择出来。

1889—1901年,拜耶林克分离成功根瘤菌和固氮菌,确证了细菌在物质转化、提高土壤肥力和控制植物病害等方面的作用。20世纪初,细菌学家们在研究传染病原、免疫、化学药物、细菌的化学活性等方面取得较大进展,基本上证实细菌的发酵机理与脊椎动物肌肉的糖酵解大体相同,而细菌对生长因子的需

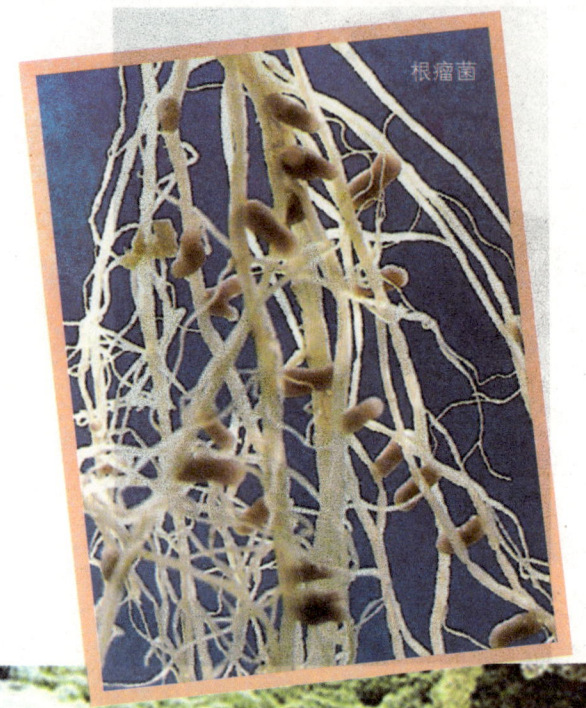

根瘤菌

要也与脊椎动物对维生素的需要基本一致。

1943年，德尔布吕克分析了大肠杆菌的突变体；1944年，埃弗里在肺炎球菌中发现转化作用都是由DNA决定的；1957年，木下宙用发酵法生产氨基酸；在用大肠杆菌制造出胰岛素之后，1980年，吉尔伯特又用细菌制造出人的干扰素，从而将细菌学的研究推进到分子生物学的水平。

大肠杆菌

第一章 细菌综述

细菌是生物的主要类群之一，其主要包括真细菌和古生菌两大类群。

◆ 真细菌

真细菌是细菌中的最大一类，除古细菌以外的所有细菌均称为真细菌。最初用于表示"真"细菌的名词主要是为了与其他细菌相区别。真细菌包括紫细菌、黄细菌、革兰氏阳性菌、绿色非硫细菌。其多数为单细胞，

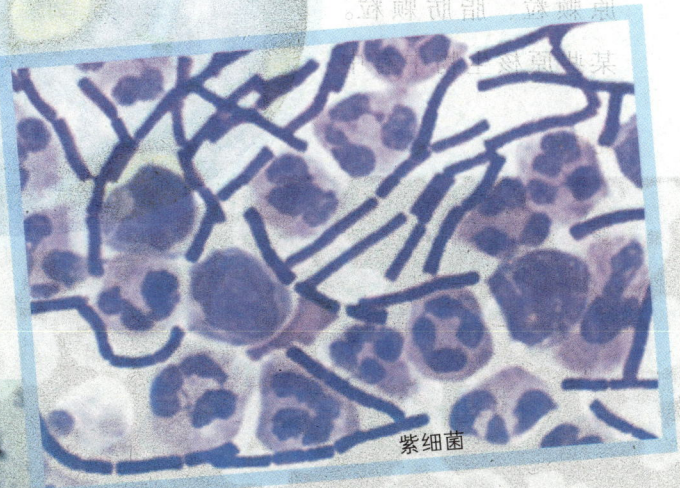

紫细菌

呈球状、卵圆形、杆状或螺旋状。有的含细菌色素，具有坚韧的细胞壁，外形较固定，并有非运动型或极生鞭毛和周生鞭毛运动型。

真细菌域的细菌如链球菌、芽孢杆菌、大肠杆菌、乳杆菌等，属于原核生物，具有拟核。拟核是原核生物细胞内DNA分子所在区域，

真菌

微生物百科——细菌　007

由一个环状 DNA 分子卷曲折叠成，DNA 不与蛋白质结合，无染色体或染色质，没有核膜包围。原核细胞直径在 1～10 微米之间。多数原核生物细胞膜外有一层细胞壁保护着，主要成分为肽聚糖。细胞质中仅有核糖体以及各种内含物，如糖原颗粒、脂肪颗粒。某些原核生物中有中膜体，它是质膜内陷褶皱折叠而成的，其中有小泡和细管样结构，含有琥珀酸脱氢酶和细胞色素类物质，

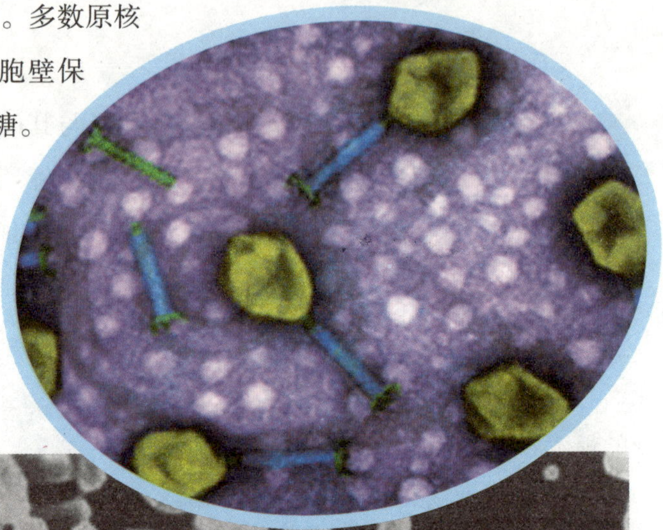

乳杆菌

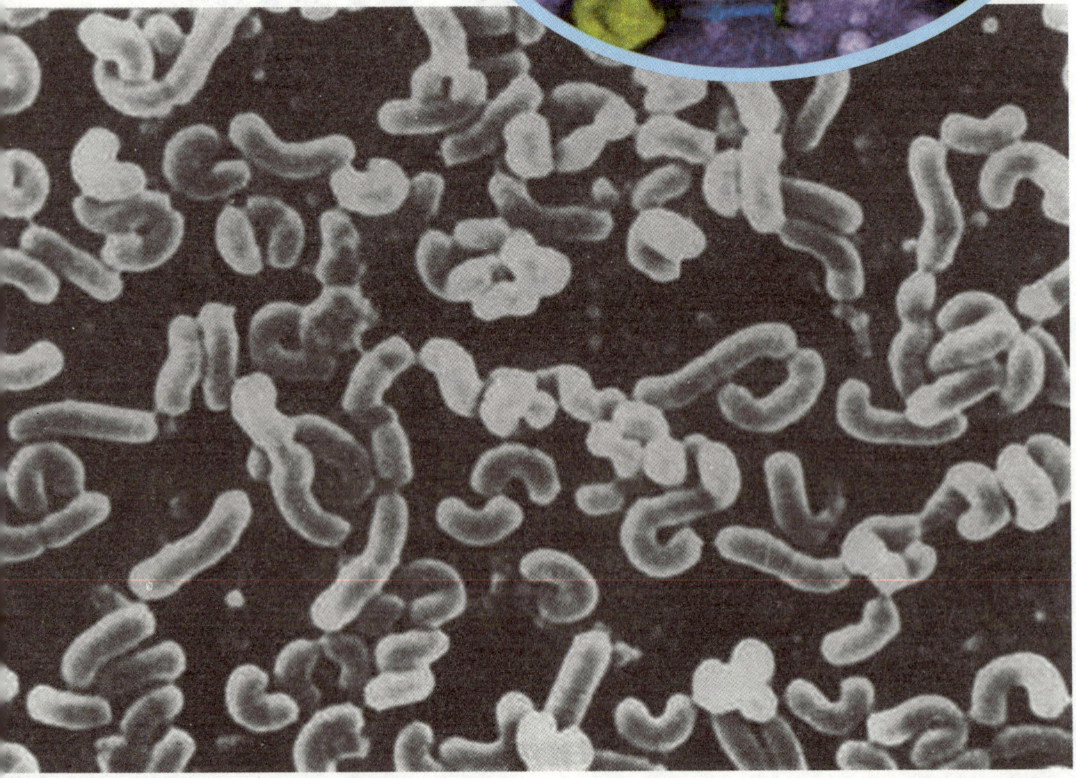

第一章 细菌综述

与能量代谢有关。真细菌分裂方式多为无丝分裂。

◆ 古生菌

古生菌又叫古细菌、古菌、古核细胞或原细菌，是一类很特殊的细菌，多生活在极端的生态环境中。具有原核生物的某些特征，如无核膜及内膜系统；也有真核生物的特征，如以甲硫氨酸起始蛋白质的合成、核糖体对氯霉素不敏感、RNA聚合酶和真核细胞的相似、DNA具有内含子并结合组蛋白；此外还具有既不同于原核细胞也不同于真核细胞的特征，如细胞膜中的脂类是不可皂化的；细胞壁不含肽聚糖，有的以蛋白质为主，有的含杂多糖，有的类似于肽聚糖，但都不含胞壁酸、D型氨基酸和二氨基庚二酸。

（1）古生菌的发现命名

20世纪70年代，卡尔·乌斯博士率先研究了原核生物的进化关系。他没有按常规靠细菌的形态和生物化学特性来研究，而是靠分析由DNA序列决定的另一类核酸——核糖核酸的序列分析来确定这些微生物的亲缘关系。我们知道，DNA是通过指导蛋白质合成来表达它决定某个生物个体遗传特征的，其中必须通过一个形成相应RNA的过程，并且蛋白质的合成必须在一种叫做核糖核蛋白体的结构上进行。因此细胞中最重要的成分是核糖核蛋白体，它是细胞中一种大而复杂的分子，它的功能是把DNA的信息转变成化学产物。核糖核蛋白体的主要成分是RNA，RNA和DNA分子非常相似，组成它的分子也有自己的序列。

由于核糖核蛋白体对生物表达功能是如此重要，所以它不会轻易发生改变，因为核糖核蛋白体序列中的任何改变都可能使核糖核蛋白体不能行使它为细胞构建新的蛋白质的职责，那么这个生物个体就不可能存在。因此我们可以说，核糖核蛋白体是十分保守的，它在数亿万年中都尽可能维持稳定，没有什么改变，即使改变也是十分缓慢而且非常谨慎。这种缓慢的分子进化速率使核糖核蛋白体RNA的序列成为一个破译细菌进化之谜的材料。乌斯通过比较许多细菌、动物、植物中核糖核蛋白体的RNA序列，根据它们的相似程度排出了这些生物的亲缘关系。

乌斯和他的同事们研究细菌的核糖核蛋白体中RNA序列时，发现并不是所有的微小生物都是亲戚。他们发现原来我们以为同是细菌的大肠杆菌和能产生甲烷的微生物在亲缘关系上竟是那么不相干。它们的RNA序列和一般细菌的差别一点也不比与鱼或花的差别小。产甲烷的微生物在微生物世界是个异类，因为它们会被氧气杀死，会产生一些在其他生物中找不到的酶类，因此他们把产生甲烷的这类微生物称为第三类生物。后来又发现还有一些核糖核蛋白体RNA序列和产甲烷菌相似的微生物，这些微生物能够在盐里生长，或者可以在接近沸腾的温泉中生长。而我们知道，早期的地球大气中没有氧气，而含有大量氨气和甲烷，可能还非常热。在这样的条件下植物和动物无法生存，对这些微生物却非常合适。在这种异常地球条件下，只有这些奇异的生物可以存活，进

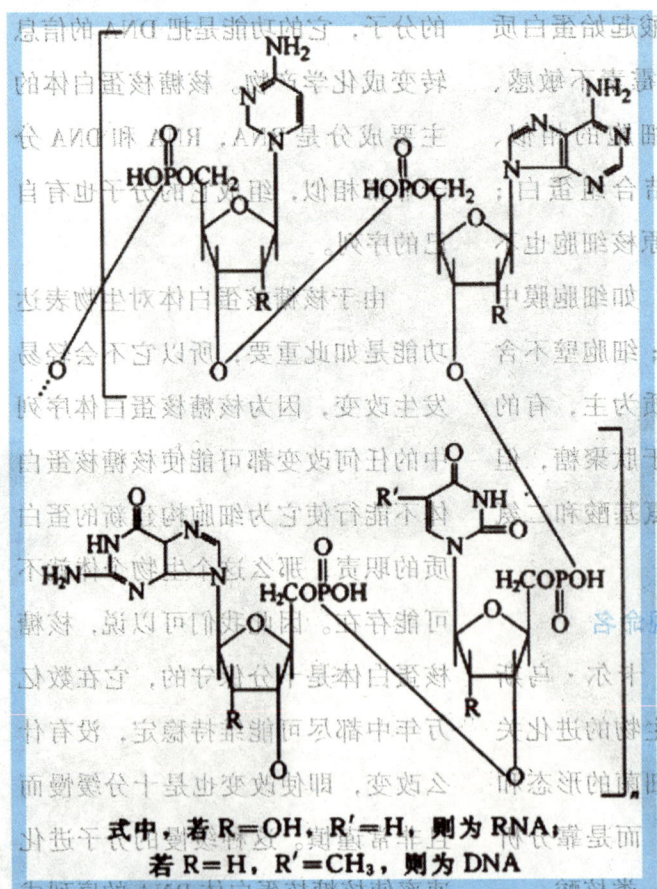

第一章 细菌综述

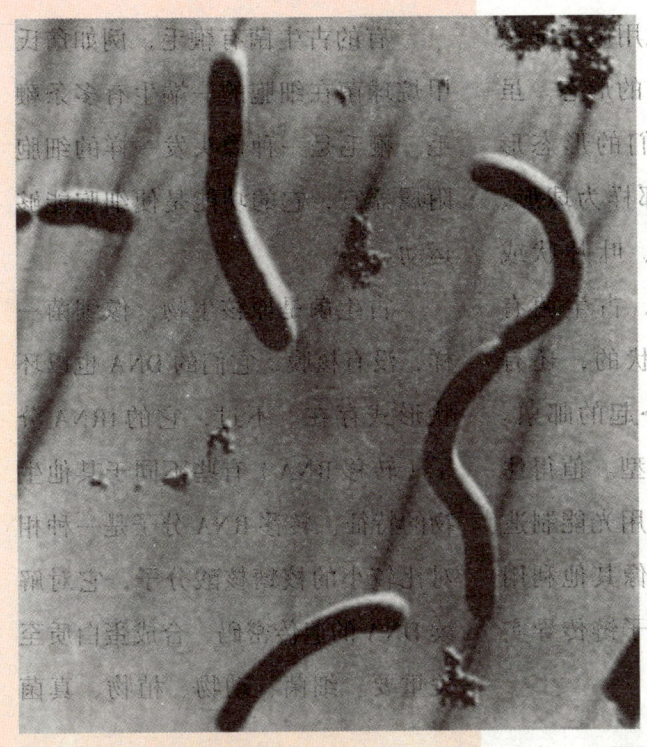

甲烷菌

化并在早期地球上占统治地位，这些微生物很可能就是地球上最古老的生命。

因此，乌斯把这类第三生物定名为古生菌，成为和细菌域、真核生物域并驾齐驱的三大类生物之一。他们开始还没有如此大胆，只是称为古细菌，后来他们感到这个名词很可能使人误解是一般细菌的同类，显不出它们的独特性，所以干脆叫为古生菌。

（2）古生菌的特征

古生菌是生命三大领域之一（另两大领域为细菌域和真核生物域）。先前在细菌分类下被称作古原细菌，目前被认为与细菌不同，从而分离出来。具有以下特征：①独特转运RNA和核糖体RNA；②缺少肽多糖细胞壁；③支链亚单位形成的乙醚结合脂类；④存在于罕见生存环境中。古细菌在形态学和基因组构造方面与细菌相似，在基因组复制方式方面与真核生物相似。该领域包括至少三届：圆齿古细菌界、阔古细菌界和硅古细菌。

（3）古生菌的形态

古生菌微小，单个古生菌的细胞直径在0.1～15微米之间，有一些种类形成细胞团簇或者纤维。虽然在高倍光学显微镜下可以看到它们，但最大的也只像肉眼看到的芝麻那么大。不过用电子显微镜能够让我们区分它们的形态。虽然它们很小,但是它们的形态形形色色。有的像细菌那样为球形、杆形、螺旋形、叶状、叶片状或块状。特别奇怪的是,古生菌有呈三角形或不规则形状的,还有方形的,像几张连在一起的邮票。古生菌具有多种代谢类型。值得注意的是,盐杆菌可以利用光能制造ATP,尽管古生菌不能像其他利用光能的生物一样利用电子链传导实现光合作用。

有的古生菌有鞭毛,例如詹氏甲烷球菌在细胞的一端生有多条鞭毛。鞭毛是一种像头发一样的细胞附属器官,它的功能是使细胞能够运动。

古生菌是原核生物,像细菌一样,没有核膜,它们的DNA也以环状形式存在。不过,它的tRNA分子(转移RNA)有些不同于其他生物的特征。转移RNA分子是一种相对比较小的核糖核酸分子,它对解读DNA的遗传密码、合成蛋白质至关重要。细菌、动物、植物、真菌

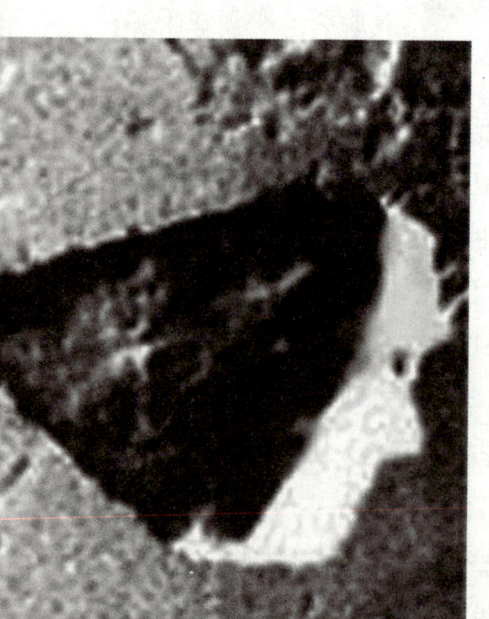
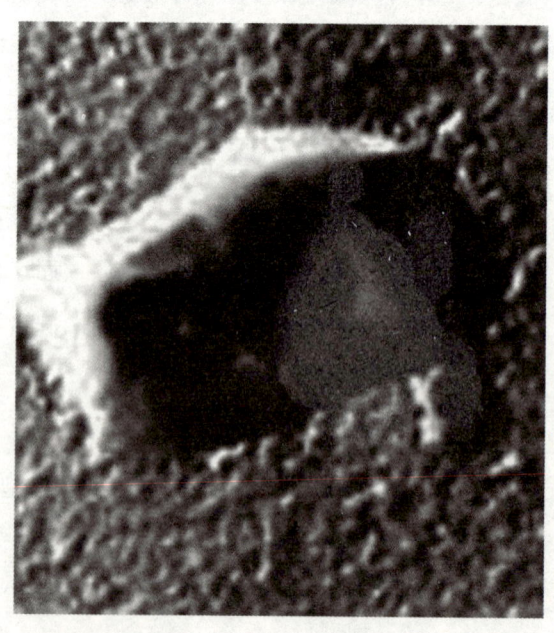

三角形、方形古生菌

第一章 细菌综述

的转移RNA的结构特征是相同的,但是古生菌的tRNA分子的结构却很特别,所以要区分古生菌和细菌,搞清楚这种分子的结构有关键性的意义。古生菌的转移RNA的许多特征更近似真核生物,倒不太像细菌的。同样,古生菌的核糖核蛋白体的许多特征也更像高等真核生物如动物和植物的,例如细菌的核糖核蛋白体对某些化学抑制剂敏感,而古生菌和真核生物却对这些抑制剂无动于衷。这使我们觉得古生菌和真核生物的亲缘关系更近。

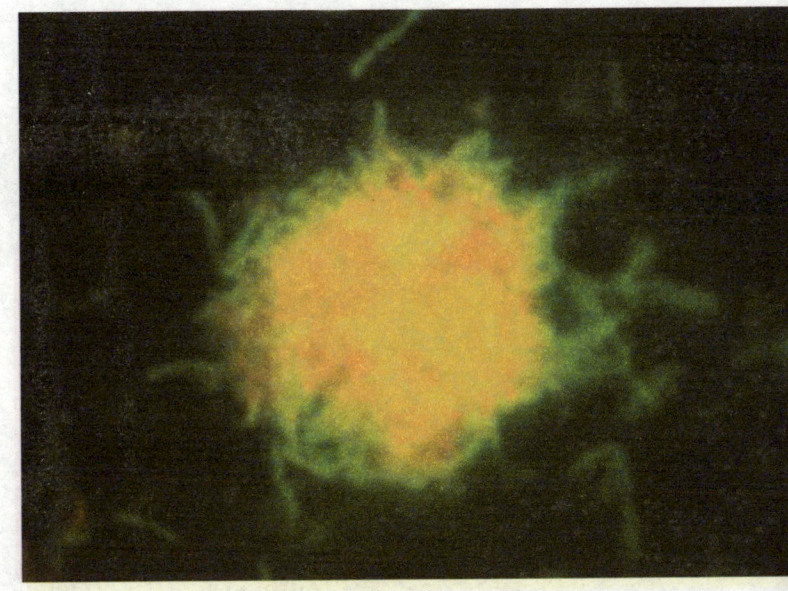

詹氏甲烷球菌

像其他生物一样,古生菌细胞有细胞质、细胞膜和细胞壁三种结构。古生菌细胞也有一层把细胞和外部环境隔离开的外膜。在膜内包裹着细胞质,其中悬浮着DNA,古生菌的生命活动在这里进行。几乎所有的古生菌细胞的外面都围有细胞壁,这是一层半固态的物质,它可以维持细胞的形状,并保持细胞内外的化学物质平衡。在细菌和大多数生物细胞中可以区分这三部分,但是仔细观察每部分,就会发现它们只是结构相似,而化学成分并不相同。

换句话说,古生菌像其他生物一样构建同样的结构,但是它们用不同的化合物来构建。例如所有细菌的细胞壁含有肽聚糖,而古生菌没有这种化合物,虽然某些古生菌含有类似的化合物。同样,古生菌不像植物细胞壁中含有纤维素,也不像真菌那样含有几丁质,它

们有特殊的化学成分，而不是脂肪酸。

（4）古生菌的生存环境

最先发现的喜好高温的古生菌来自美国黄石公园。很多古生菌是生存在极端环境中的。一些生存在极高的温度（经常100℃以上）下，比如间歇泉或者海底黑烟囱中；还有的生存在很冷的环境或者高盐、强酸或强碱性的水中；然而也有些古生菌是嗜中性的，能够在沼泽、废水和土壤中被发现。它们生长在没有氧气的海底淤泥中，甚至生长在沉积在地下的石油中。某些古生菌在晒盐场上的盐结晶里生存。很多产甲烷的古生菌生存在动物的消化道中，如反刍动物、白蚁或者人类。古生菌通常对其他生物无害，至今未知有致病的古生菌。

对光敏感的菌红素使盐杆菌带有美丽的红色，可以将太阳的光能转变为古菌生活所需要的化学能，还用来合成作为细胞能源的ATP。菌红素是一种蛋白质，在化学结构上和脊椎动物视网膜上的色素视紫质很相似。

（5）古生菌与真细菌的主要区别

①在形态学上，古生菌有扁平直角几何形状的细胞，而在真细菌中从未见过。

②在中间代谢上，古生菌有独特的辅酶。如产甲烷菌含有F420，F430和COM及B因数。

③在有无内含子上，许多古生菌有内含子，而真细菌则没有内含子。

④在膜结构和成分上，古细菌膜含醚而不是酯，其中甘油以醚键连接长链碳氢化合物异戊二烯，而不是以酯键同脂肪酸相连。

⑤在呼吸类型上，严格厌氧是古生菌的主要呼吸类型。

⑥在代谢多样性上，古生菌单纯，不似真细菌那样多样性。

⑦在分子可塑性上，古生菌比真细菌有较多的变化。

⑧在进化速率上，古生菌比真细菌缓慢，保留了较原始的特性。

嗜热古生菌

　　嗜热古生菌只有在高温下才能良好地生长，迄今为止已分离出 50 多种嗜热细菌。在这些细菌中有一种最抗热的菌株，在 105℃ 繁殖率最高，甚至在高达 113℃ 也能增殖。深海极端嗜热和产甲烷细菌，备受人们关注，因为它位于生命进化系统树的根部附近，对它进行深入研究，可能有助于我们弄清世界上最早的细胞是如何生存的问题。

　　极端嗜热古生菌能生长在 90℃ 以上的高温环境。如斯坦福大学科学家发现的古细菌，最适生长温度为 100℃，80℃ 以下即失活。德国的斯梯特研究组在意大利海底发现的一族古细菌，能生活在 110℃ 以上高温中，最适生长温度为 98℃，降至 84℃ 即停止生长。美国的 J.A.Baross 发现一些从火山口中分离出的细菌，可以生活在 250℃ 的环境中。嗜热菌的营养范围很广，多为异养菌，其中许多能将硫氧化以取得能量。

第一章 细菌综述

细菌的结构

细菌的结构对细菌的生存、致病性和免疫性等均有一定作用。细菌的结构按分布部位大致可分为：表层结构，包括细胞壁、细胞膜、荚膜；内部结构包括细胞浆、核蛋白体、核质、质粒及芽胞等；外部附件，包括鞭毛和菌毛。习惯上又把一个细菌生存不可缺少的，或一般细菌通常具有的结构称为基本结构，而把某些细菌在一定条件下所形成的特有结构称为特殊结构。

◆ **细菌的形态结构**

（1）细胞壁

细胞壁厚度因细菌不同而异，一般为15～30纳米。主要成分是肽聚糖，由N-乙酰葡糖胺和N-乙酰胞壁酸构成双糖单元,以β（1-4）糖苷键连接成大分子。N-乙酰胞壁酸分子上有四肽侧链，相邻聚糖纤维之间的短肽通过肽桥（革兰氏阳性菌）或肽键（革兰氏阴性菌）桥接起来，形成了肽聚糖片层，像胶合板一样，粘合成多层。

肽聚糖中的多糖链在各物种中都一样，而横向短肽链却有种间差异。革兰氏阳性菌细胞壁厚约20～80纳米，有15至50层肽聚糖片层，每层厚1纳米，含20～40%的磷壁酸，有的还具有少量蛋白质。革兰氏阴性菌细胞壁厚

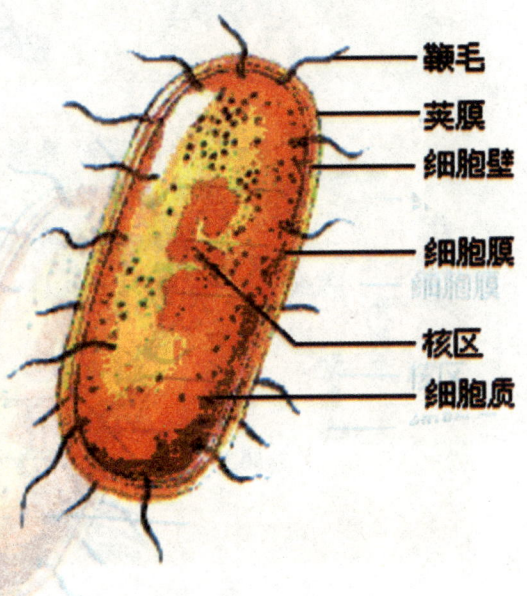

约10纳米,仅2至3层肽聚糖,其他成分较为复杂,由外向内依次为脂多糖、细菌外膜和脂蛋白。此外,外膜与细胞之间还有间隙。

肽聚糖是革兰阳性菌细胞壁的主要成分,凡能破坏肽聚糖结构或抑制其合成的物质,都有抑菌或杀菌作用。如溶菌酶是N-乙酰胞壁酸酶,青霉素抑制转肽酶的活性,抑制肽桥形成。

细菌细胞壁的功能包括:保持细胞外形;抑制机械和渗透损伤;介导细胞间相互作用(侵入宿主);防止大分子入侵;协助细胞运动和

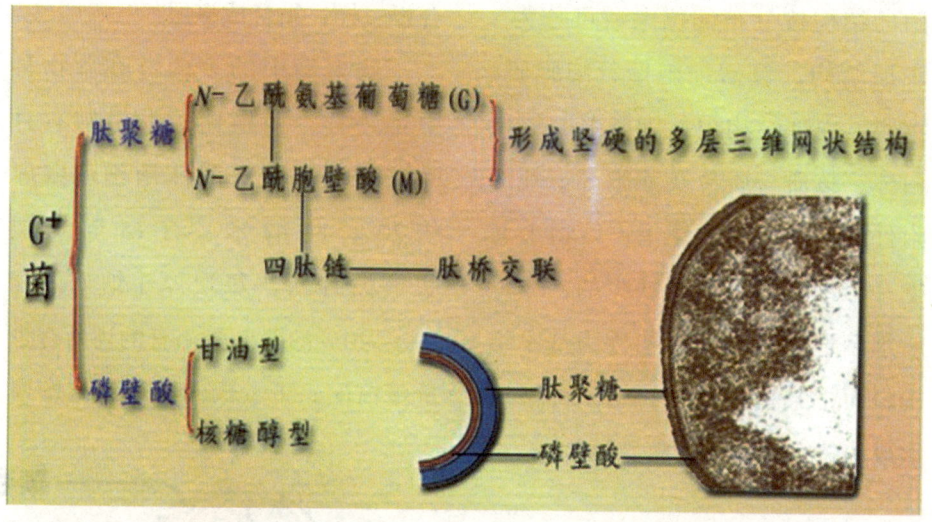

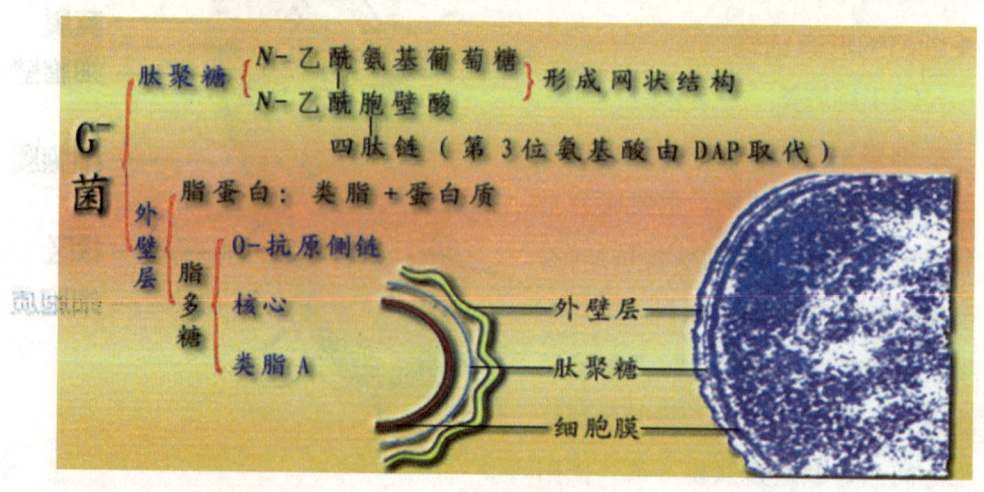

第一章 细菌综述

分裂。

脱壁的细胞称为细菌原生质体或球状体,脱壁后的细菌原生质体,生存和活动能力大大降低。

(2) 细胞膜

细胞膜是典型的单位膜结构,厚约 8~10 纳米,外侧紧贴细胞壁,某些革兰氏阴性菌还具有细胞外膜。通常不形成内膜系统,除核糖体外,没有其他类似真核细胞的细胞器,呼吸和光合作用的电子传递链位于细胞膜上。某些行光合作用的原核生物(蓝细菌和紫细菌),质膜内褶形成结合有色素的内膜,与捕光反应有关。某些革兰氏阳性细菌质膜内褶形成小管状结构,称为中膜体或间体。中膜体扩大了细胞膜的表面积,提高了代谢效率,有拟线粒体之称,此外还可能与 DNA 的复制有关。

(3) 细胞质与核质体

细菌和其他原核生物一样,没有核膜,DNA 集中在细胞质中的低电子密度区,称核区或核质体。细菌一般具有 1 至 4 个核质体,多的可达 20 余个。核质体是环状的双

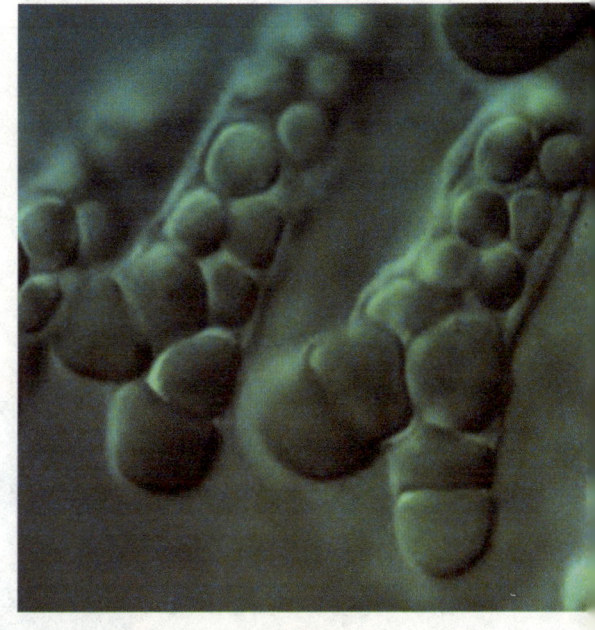

蓝细菌

链 DNA 分子,所含的遗传信息量可编码 2000~3000 种蛋白质,空间构建十分精简,没有内含子。由于没有核膜,因此 DNA 的复制、RNA 的转录与蛋白的质合成可同时进行,而不像真核细胞那样这些生化反应在时间和空间上是严格分隔开来的。

每个细菌细胞约含 5000~50000 个核糖体,部分附着在细胞膜内侧,大部分游离于细胞质中。细菌核糖体的沉降系数为 70S,由大亚单位(50S)与小亚单位(30S)组成,大亚单位含有 23SrRNA、5SrRNA

与30多种蛋白质，小亚单位含有16SrRNA与20多种蛋白质。30S的小亚单位对四环素与链霉素很敏感，50S的大亚单位对红霉素与氯霉素很敏感。

细菌核区DNA以外的，可进行自主复制的遗传因子，称为质粒。质粒是裸露的环状双链DNA分子，所含遗传信息量为2至200个基因，能进行自我复制，有时能整合到核DNA中去。质粒DNA在遗传工程研究中很重要，常用作基因重组与基因转移的载体。

胞质颗粒是细胞质中的颗粒，起暂时贮存营养物质的作用，包括多糖、脂类、多磷酸盐等。

（4）其他结构

许多细菌的最外表还覆盖着一层多糖类物质，边界明显的称为荚膜，如肺炎球菌，边界不明显的称为粘液层，如葡萄球菌。荚膜对细菌的生存具有重要意义，细菌不仅

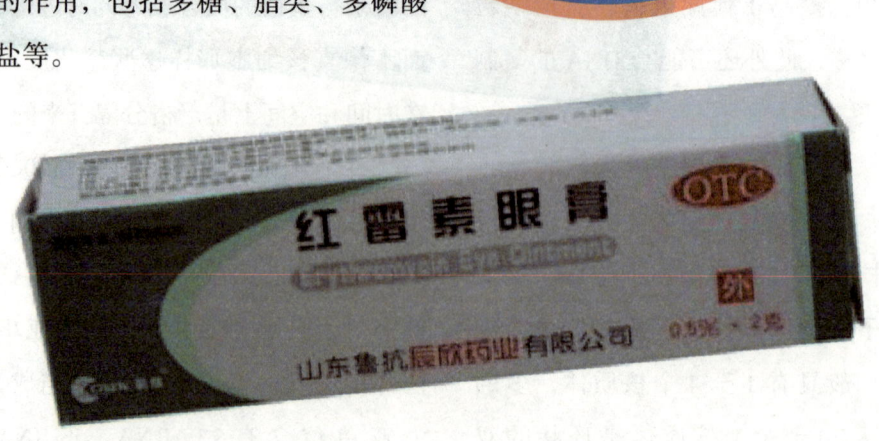

第一章 细菌综述

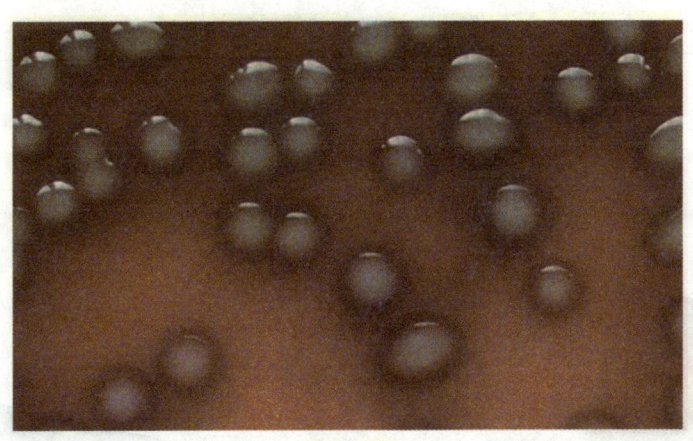

肺炎球菌

可利用荚膜抵御不良环境，保护自身不受白细胞吞噬，而且能有选择地粘附到特定细胞的表面上，表现出对靶细胞的专一攻击能力。例如，伤寒沙门杆菌能专一性地侵犯肠道淋巴组织。细菌荚膜的纤丝还能把细菌分泌的消化酶贮存起来，以备攻击靶细胞之用。

鞭毛是某些细菌的运动器官，由一种称为鞭毛蛋白的弹性蛋白构成，结构上不同于真核生物的鞭毛。细菌可以通过调整鞭毛旋转的方向（顺和逆时针）来改变运动状态。

菌毛是在某些细菌表面存在着一种比鞭毛更细、更短而直硬的丝状物，须用电镜观察，特点是细、短、直、硬、多。菌毛与细菌运动无关，根据形态、结构和功能，可分为普通菌毛和性菌毛两类。前者与细菌吸附和侵染宿主有关，后者为中空管子，与传递遗传物质有关。

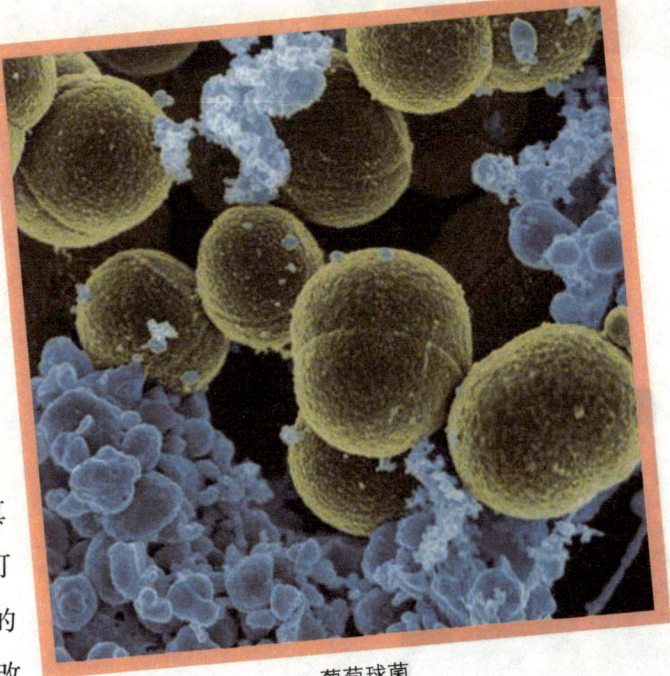

葡萄球菌

质 粒

质粒是独立于染色体外的,能自主复制且稳定遗传的遗传因子,是一种环状的双链 DNA 分子。存在于细菌、放线菌、真菌以及一些动植物细胞中,在细菌细胞中最多。

质粒的类型有:

(1)严谨型:这些质粒的复制是在寄主细胞严格控制之下的,与寄主细胞的复制偶联同步。所以,往往在一个细胞中只有一份或几份拷贝。

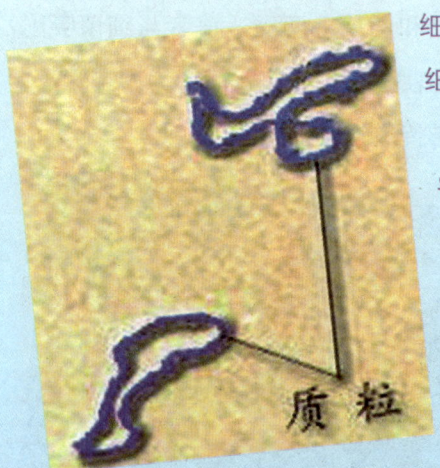

(2)松驰型:这些质粒的复制是在寄主细胞的松弛控制之下的,每个细胞中含有 10 至 200 份拷贝,如果用一定的药物处理抑制寄主蛋白质的合成还会使质粒拷贝数增至几千份。如较早的质粒 pBR322 即属于松弛型质粒,要经过氯霉素处理才能达到更高拷贝数。

第一章 细菌综述

◆ 细菌的特殊结构

细菌的特殊结构包括荚膜、鞭毛、菌毛和芽胞。

（1）荚膜

许多细菌胞壁外围绕一层较厚的粘性、胶冻样物质，其厚度在0.2微米以上，普通显微镜可见，与四周有明显界限，称为荚膜。如肺炎双球菌。其厚度在0.2微米以下者，在光学显微镜下才不能直接看到，必须以电镜或免疫学方法才能证明，称为微荚膜，如溶血性链球菌的M蛋白、伤寒杆菌的Vi抗原及大肠杆菌的K抗原等。

炭疽杆菌荚膜

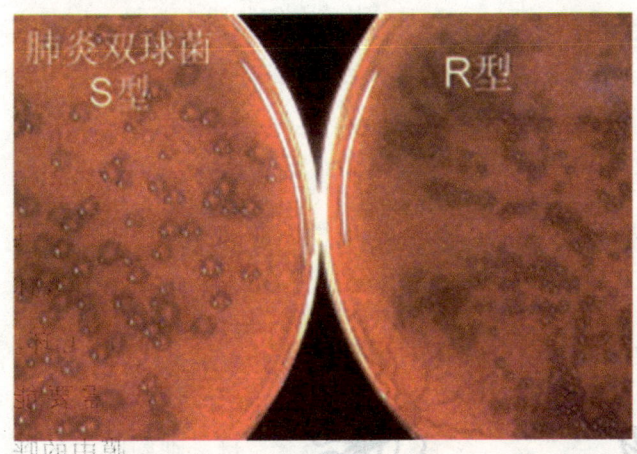

大多数细菌（如肺炎球菌、脑膜炎球菌等）的荚膜由多糖组成。链球菌荚膜为透明质酸，少数细菌的荚膜为多肽（如炭疽杆菌荚膜为D-谷氨酸的多肽）。

细菌一般在机体内和营养丰富的培养基中才能形成荚膜。有荚膜的细菌在固体培养基上形成光滑型（S型）或粘液型（M）菌落，失去荚膜后菌落变为粗糙型（R）。荚膜并非细菌生存所必需，如荚膜丢失，细菌仍可存活。

荚膜除对鉴别细菌有帮助外，还能保护细菌免遭吞噬细胞的吞噬和消化作用，因而与细菌的毒力有关。荚膜抗吞噬的机理还不十分清楚，可能由于荚膜粘液层比较光滑，不易被吞噬细胞捕捉之故。荚膜能贮留水分使细菌能抗干燥，并对其他因子（如溶菌酶、补体、抗体、抗菌药物等）的侵害有一定抵抗力。

（2）鞭毛

在某些细菌菌体上具有细长而弯曲的丝状物，称为鞭毛。鞭毛的长度常超过菌体若干倍。不同细菌的鞭毛数目、位置和排列不同，可分为单毛菌、双毛菌、丝毛菌、周毛菌。

鞭毛自细胞膜长出，游离于细胞外。用电子显微镜研究鞭毛的超微结构，发现鞭毛的结构分为：基

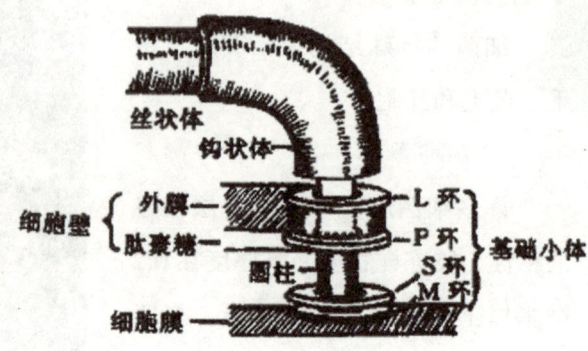

础小体、钩状体和丝状体三个部分组成。

①基础小体：基础小体位于鞭毛根部，埋在细胞壁中。革兰氏阴性菌鞭毛的基础小体由一根圆柱和两对同心环所组成，一对是M环与S环，附着在细胞膜上；另一对是P环与L环，连在胞壁的肽聚糖和外膜上（M、S、P、L分别代表细胞膜、膜上、肽聚糖、外膜中的脂多糖）。革兰氏阳性菌的细胞壁无外膜，其鞭毛只有M与S环而无P环和L环。鞭毛运动需要能量，细胞膜中的呼吸链可供其所需。

②钩状体：钩状体位于鞭毛伸出

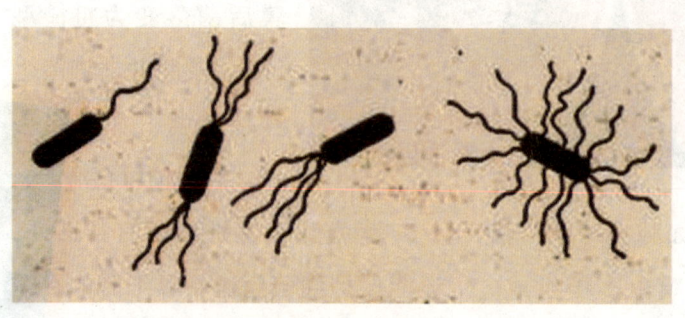

各种鞭毛的类型

第一章　细菌综述

菌体之处，呈钩状弯曲。鞭毛此转变向外伸出，成为丝状体。

③丝状体：丝状体呈纤丝状，伸出于菌体之外，是由鞭毛蛋白亚单位呈紧螺旋状缠绕而成的中空的管状结构。鞭毛蛋白是一种纤维蛋白，其氨基酸组成与骨骼肌动蛋白相似，可能与鞭毛的运动性有关。

鞭毛是细菌的运动器官，往往有化学趋向性，常朝向有高浓度营养物质的方向移动，而避开对其有害的环境。鞭毛常存在于杆菌及弧菌中，它的数量、分布可用以鉴别细菌。鞭毛抗原有很强的抗原性，通常称为 H 抗原，对某些细菌的鉴定、分型及分类具有重要意义。

杆菌

（3）菌毛

菌毛是许多革兰氏阴性菌菌体表面遍布的比鞭毛更为细、短、直、硬、多的丝状蛋白附属器，也叫做纤毛。其化学组成是菌毛蛋白，菌毛与运动无关，在光镜下看不见，使用电镜才能观察到。菌毛可分为普通菌毛和性菌毛两种。

①普通菌毛：普通菌毛长

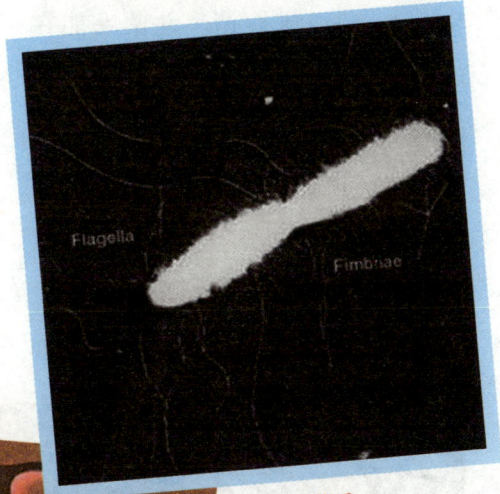

性菌毛

0.3～1.0 微米，直径 7 纳米。具有粘着细胞（红细胞、上皮细胞）和定居各种细胞表面的能力，它与某些细菌的的致病性有关。无菌毛的细菌则易被粘膜细胞的纤毛运动、肠蠕动或尿液冲洗而被排除，失去菌毛，致病力亦随之丧失。

②性菌毛：有的细菌还有1～4根较长的性菌毛，比普通菌毛粗，中空呈管状。性菌毛由质粒携带的一种致育因子的基因编码，故性菌毛又称F菌毛。带有性菌毛的细菌称为F+菌或雄性菌，无菌毛的细菌称为F-菌或雌性菌。性菌毛能在细菌之间传递DNA，细菌的毒性及耐药性即可通过这种方式传递，这是某些肠道杆菌容易产生耐药性的原因之一。

（4）芽胞

在一定条件下，芽胞杆菌属（如炭疽杆菌）及梭状芽胞杆菌属（如破伤风杆菌、气性坏疽病原菌）能在菌体内形成一个折光性很强的不易着色小体，称为内芽胞，简称芽胞。芽胞一般只在动物体外才能形成，并受环境影响。当营养缺乏，特别是碳源、氮源或磷酸盐缺乏时，容易形成芽胞。不同细菌形成芽胞还需不同的条件，如炭疽杆菌须在有氧条件下才能形成芽胞。成熟的芽胞可被许多正常代谢物如丙氨酸、腺苷、葡萄糖、乳酸等激活而发芽，先是芽胞酶活化，皮质层及外壳迅速解聚，水分进入，在合适的营养和温度条件下，芽胞的核心向外生长成繁殖体，开始发育和分裂繁殖。

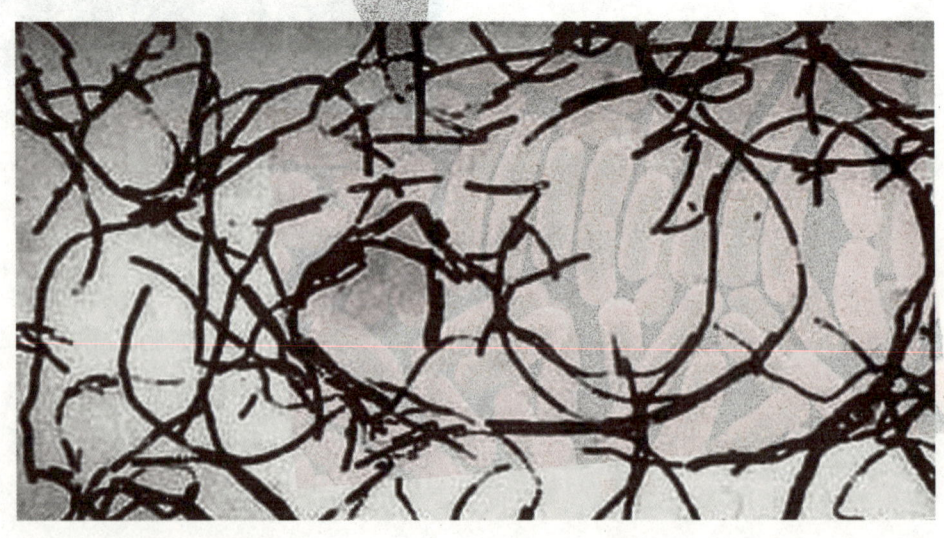

第一章 细菌综述

芽胞并非细菌的繁殖体，而是处于代谢相对静止的休眠体态，以维持细菌生存的持久体。

芽胞含水量少（约40%），蛋

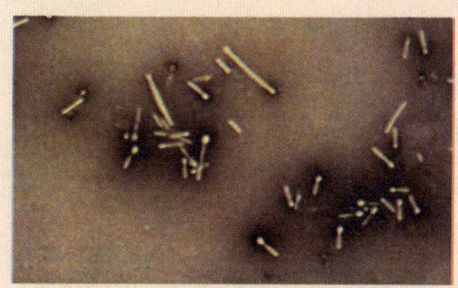

破伤风杆菌

白质受热不容易变性。芽胞具有多层厚而致密的胞膜，由内向外依次为核心、内膜、芽胞壁、皮质、外膜、芽胞壳和芽胞外衣。特别是芽胞壳，无通透性，有保护作用，能阻止化学品渗入。芽胞形成时能合成一些特殊的酶，这些酶较之繁殖体中的酶具有更强的耐热性。芽胞核心和皮质层中含有大量的吡啶二羧酸，占芽胞干重的5%~15%，是芽胞所特有的成分，在细菌繁殖体和其他生物细胞中都没有。DPA能以一种现尚不明的方式，使芽胞的酶类具有很高的稳定性。芽胞形成过程中很快合成DPA，同时也

获得耐热性。

芽胞呈圆形或椭圆形，其直径和在菌体内的位置随菌种而不同。例如，炭疽杆菌的芽胞为卵圆形、比菌体小，位于菌体中央；破伤风杆菌芽胞为正圆形、比菌体大，位于顶端，如鼓槌状。这种形态特点有助于细菌鉴别。芽胞在自然界分布广泛，因此要严防芽胞污染伤口、用具、敷料、手术器械等。芽胞的抵抗力强，对热力、干燥、辐射、化学消毒剂等理化因素均有强大的抵抗力，用一般的方法不易将其杀死。有的芽胞可耐100℃沸水煮沸数小时。杀灭芽胞最可靠的方法是高压蒸汽灭菌。当进行消毒灭菌时往往以芽胞是否被杀死作为判断灭菌效果的指标。

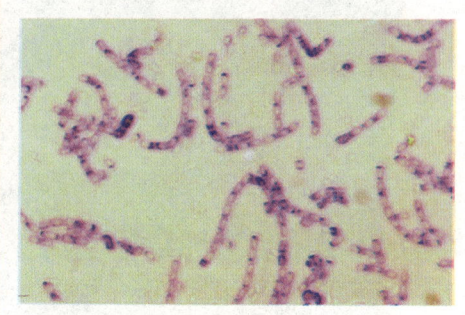

炭疽杆菌

细菌荚膜的功能

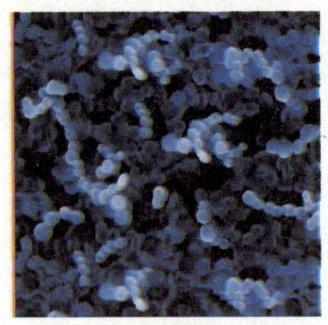
肺炎球菌

细菌的荚膜具有抵抗吞噬及体液中杀菌物质的作用。肺炎球菌、a族和c族乙型链球菌、炭疽杆菌、鼠疫杆菌、肺炎杆菌及流行性感冒杆菌的荚膜是很重要的毒力因素。例如：将无荚膜细菌注射到易感的动物体内，细菌易被吞噬而消除，有荚膜则引起病变，甚至死亡。

有些细菌表面有其他表面物质或类似荚膜物质。如链球菌的微荚膜（透明质酸荚膜）、m–蛋白质；某些革兰氏阴性杆菌细胞壁外的酸性糖包膜，如沙门氏杆菌的vi抗原和数种大肠杆菌的k抗原等。不仅能阻止吞噬，并有抵抗体和补体的作用。此外粘附因子，如革兰氏阴性菌的菌毛，革兰氏阳性菌的膜磷壁酸在细菌感染中起重要作用。

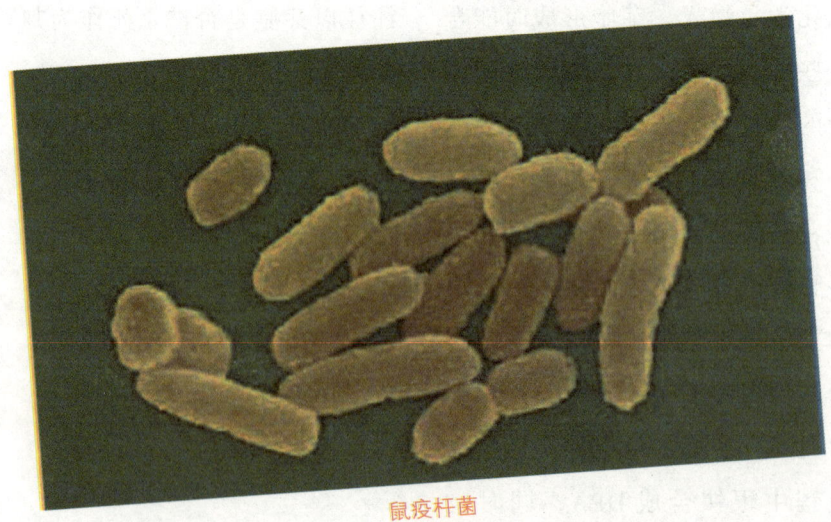
鼠疫杆菌

第一章 细菌综述

细菌的"生活"

细菌处在人类生活的各个角落，不同的细菌在对环境条件的要求上是有很大的差别的。例如，对温度的要求，有的细菌适宜在较低生活。细菌如同动物和植物一样，水分也是细菌细胞的主要成分。在一般情况下，细菌中水分的含量为75%～85%。如果缺少水分，细菌就不能正常生长和繁殖。因此，干燥的环境是不利于细菌生存的。细菌的身体中除了水分，还含有蛋白质、糖类、脂类和无机盐等多种成分。

细菌的营养方式有自养和异养两种，大多数细菌是进行异养的，

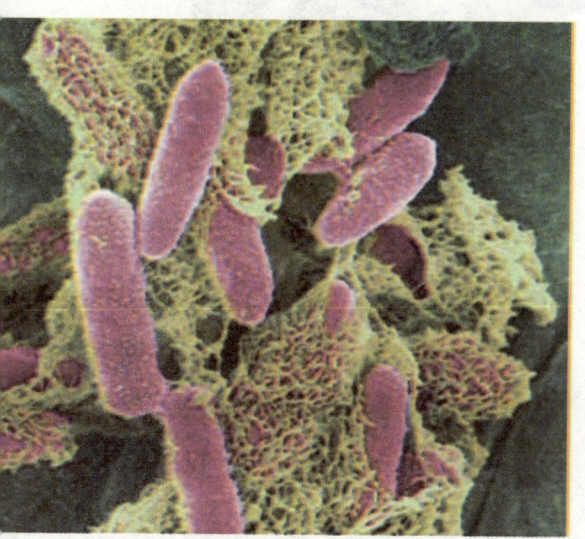

大肠内细菌

的温度下生存（–70℃），有的细菌则适于在45℃～50℃的温度中生活，某种温泉细菌在90℃的高温下也能够生长。但是，绝大多数细菌的生长适宜温度是20℃～40℃，也就是适合在室温或人的体温环境下

无机盐

微生物百科——细菌　029

也有少数的细菌进行自养。所谓异养,是指细菌以类似于动物获取营养物质的方式,直接从外界吸收有机物,供应身体的需要;自养是指细菌像绿色植物一样,不直接从外界获取有机物质,而从外界吸收二氧化碳等无机物作为原料,自己制造有机物。

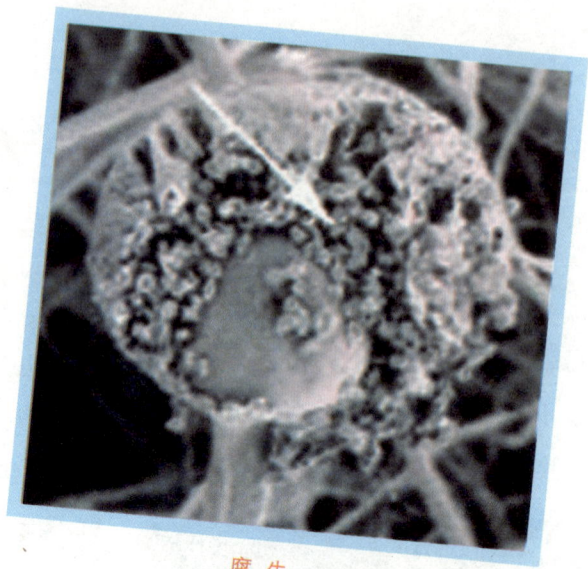

腐 生

细菌的生活方式也有两种,腐生和寄生。腐生是指细菌在动物的尸体、粪便和植物的枯枝落叶体上生活,从那里吸取有机物,同时使这些动植物遗体腐败;寄生是指细菌在活的动植物上生活,从它们身上吸取有机物,有的能使动植物生病。因此,有机物丰富的地方,如肥沃的土壤,人们的各种食物,人和动植物体内外,都是这些细菌生活的好地方。

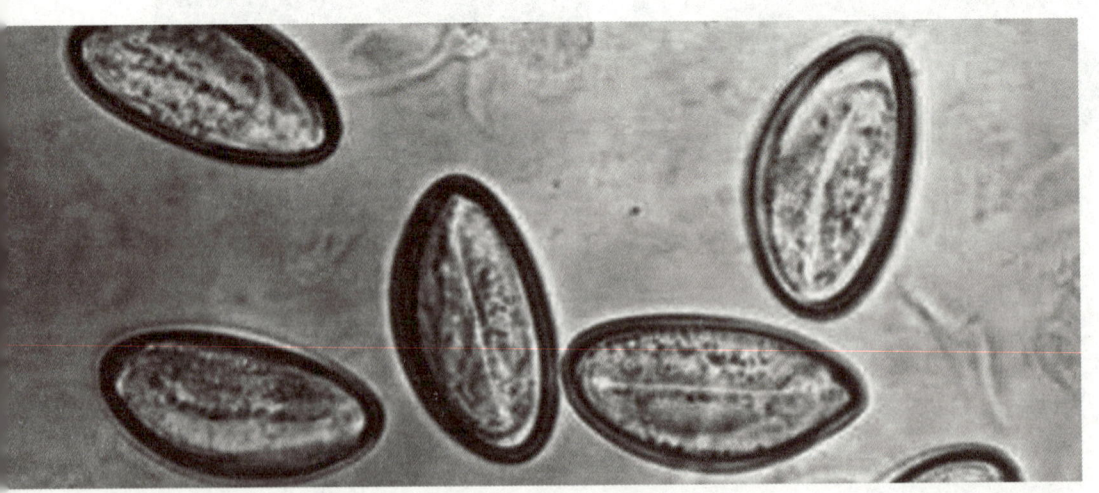

寄 生

细菌的主要形态

观察细菌常用光学显微镜，通常以微米作为测量它们大小的单位。肉眼的最小分辩率为0.2毫米，观察细菌要用光学显微镜放大几百倍到上千倍才能看到。细菌按其外形主要有三类：球菌、杆菌、螺形菌。

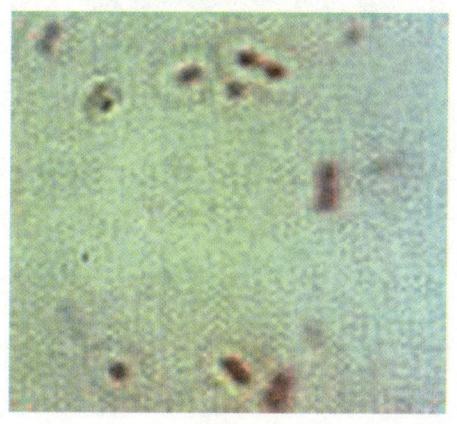

双球菌

后产生的子细胞保持一定的排列方式，在分类鉴定上有重要意义。球菌由于繁殖时细菌细胞分裂方向和分裂后细菌粘连程度及排列方式不同可分为：单球菌、双球菌、链球菌、四联球菌、八叠球菌和葡萄球菌等。

（1）单球菌：单球菌细胞沿一个平面进行分裂，子细胞分散而单独存在，如脲微球菌。

（2）双球菌：双球菌细胞沿一个平面分裂，子细胞成双排列，如肺炎链球菌。

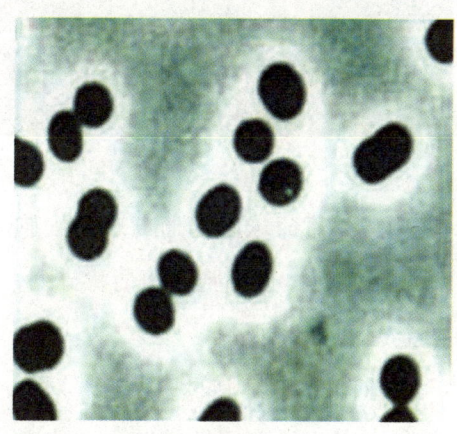

单球菌

◆ 球形——球菌

球菌呈球形或近似球形，有的呈矛头状或肾状。单个球菌的直径约在0.8～1.2微米左右。球菌分裂

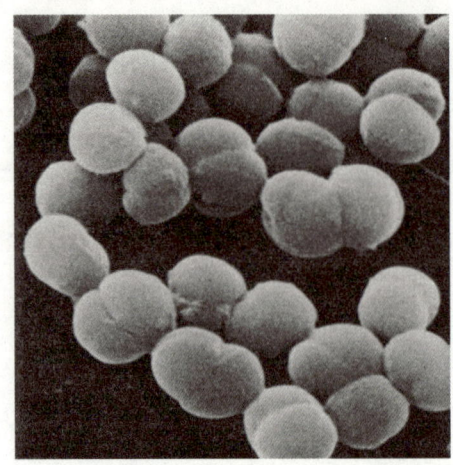

肺炎链球菌

（3）链球菌：链球菌细胞沿一个平面分裂，子细胞呈链状排列，如乳链球菌。

（4）四联球菌：四联球菌细胞按两个互相垂直的平面分裂，子细胞呈田字形排列。

（5）八叠球菌：八叠球菌细胞按三个互相垂直平面进行分裂，子细胞呈立方体排列，如甲烷八叠球菌、藤黄八叠球菌。

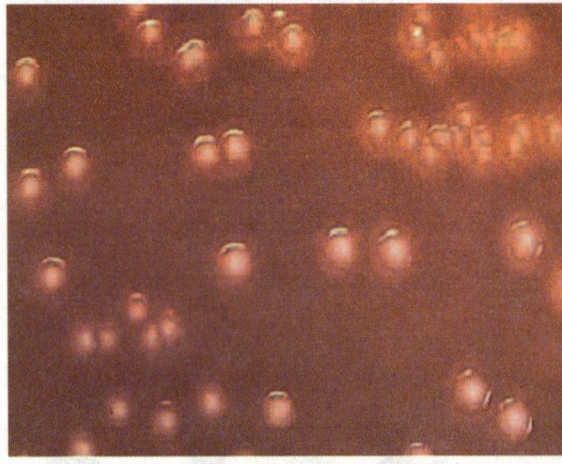

无乳链球菌

（6）葡萄球菌：葡萄球菌细胞分裂无定向，子细胞呈葡萄状排列，如金黄色葡萄球菌。

球菌是细菌中的一大类。对人类有致病性的病原性球菌主要引起化脓性炎症，又称为化脓性球菌，其中革兰氏阳性菌主要包括葡萄球菌、链球菌、肺炎球菌；革兰氏阴性菌包括脑膜炎球菌和淋球菌等。

藤黄八叠球菌

第一章 细菌综述

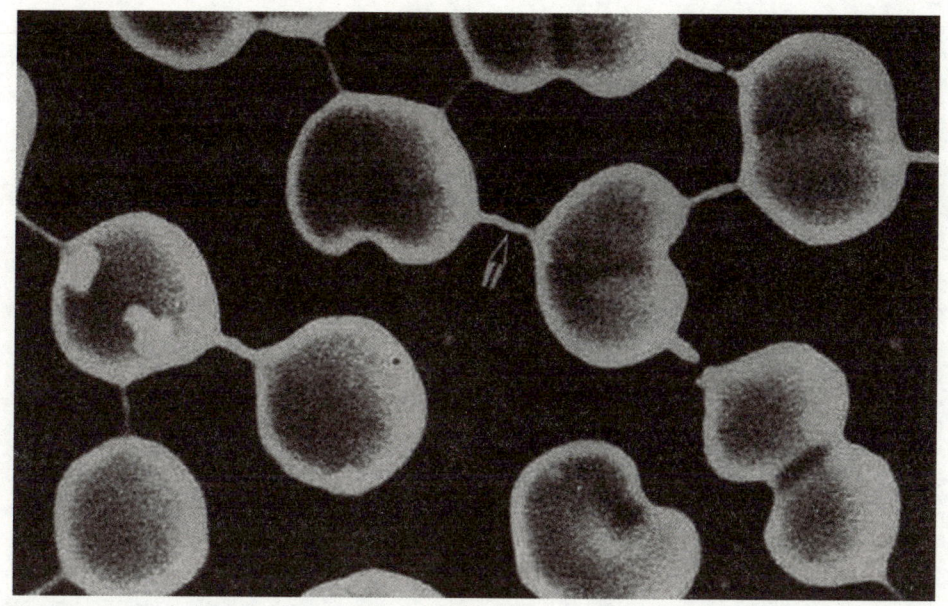
脑膜炎球菌

◆ 棒状——杆菌

杆菌是杆状或类似杆状的细菌。其广泛分布于自然界，腐生或寄生。如大肠杆菌、枯草杆菌等。

各种杆菌的大小、长短、弯度、粗细差异较大。大多数杆菌中等大小长2～5微米，宽0.3～1微米。大的杆菌如炭疽杆菌，小的如野兔热杆菌。菌体的形态多数呈直杆状，也有的菌体微弯。菌体两端多呈钝圆形，少数两端平齐（如炭疽杆菌），也有两端尖细（如梭杆菌）或末端膨大呈棒状（如白喉杆菌）。排列一般分散存在，无一定排列形式，偶有成对或链状，个别呈特殊的排列如栅栏状或V、Y、L字样。

杆菌菌体有的挺直，有的稍弯。多数杆菌的两端为钝圆，亦有少数

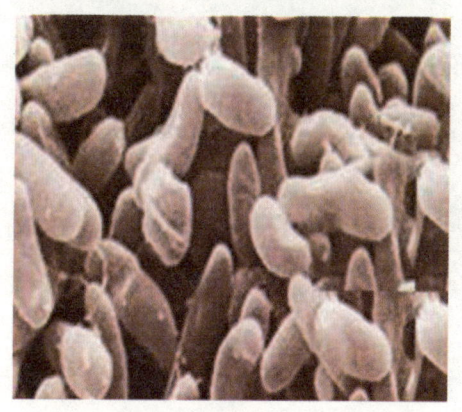
短杆菌

微生物百科——细菌 033

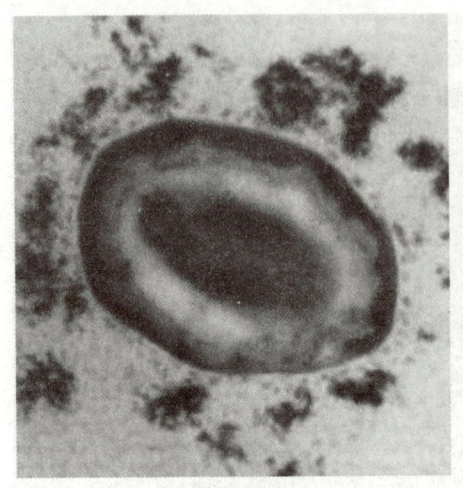

枯草芽孢杆菌

呈方形，菌体两侧或平行、或中央部分较粗如梭状，或有一处或数处突出。根据其排列组合情况，也可有单杆菌、双杆菌和链杆菌之分。不过杆菌的排列特征远不如球菌那样固定，同一种杆菌往往可以有三种形态同时存在。单杆菌，有长杆菌和短杆菌（或近似球形），产芽孢杆菌有枯草芽孢杆菌，梭状的芽孢杆菌有溶纤维梭菌。

◆ 螺旋形——螺形菌

螺形菌可分为两类：

（1）弧菌：弧菌菌体只有一个弯曲，呈弧状或逗点状。弧菌属广泛分布于自然界，尤以水中为多，有100多种。主要致病菌为霍乱弧

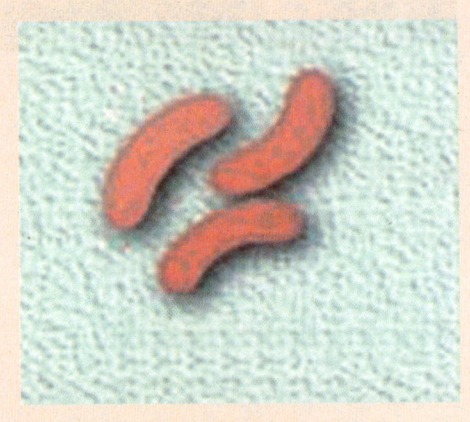

弧 菌

菌和副溶血弧菌（致病性嗜盐菌）。前者引起霍乱，后者引起食物中毒。

（2）螺菌：螺菌菌体有数个弯曲，如鼠咬热螺菌。弯曲菌属形态似弧菌，因G+C含量与弧菌不同，因此另立新属为弯曲菌属。对人致病的主要是空肠弯曲菌和肠道弯曲

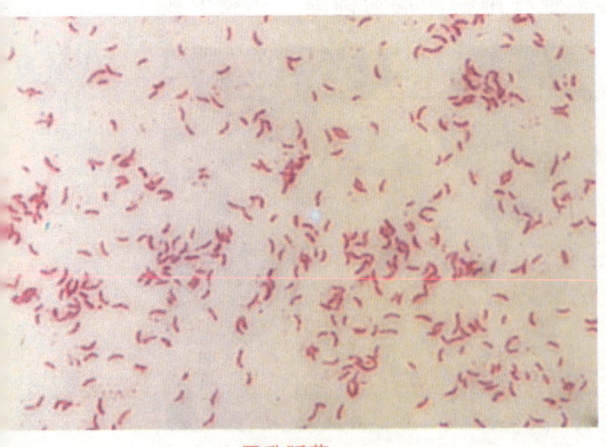

霍乱弧菌

菌。前者引起急性肠炎，较为常见；后者是人体免疫力下降时的机会致病菌，较少见。

细菌形态可受各种理化因素的影响。一般说来，在生长条件适宜时培养8～18小时的细菌形态较为典型，幼龄细菌形体较长。细菌衰老时或在陈旧培养物中，或环境中有不适合于细菌生长的物质（如药物、抗生素、抗体、过高的盐分等）时，细菌常常出现不规则的形态，表现为多形性，梨形、气球状、丝状等，这些称为衰退型，不易识别。观察细菌形态和大小特征时，应注意来自机体或环境中各种因素所导致的细菌形态变化。

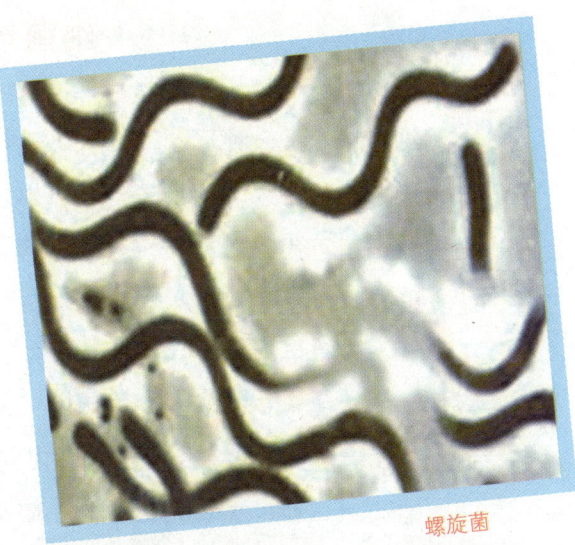

螺旋菌

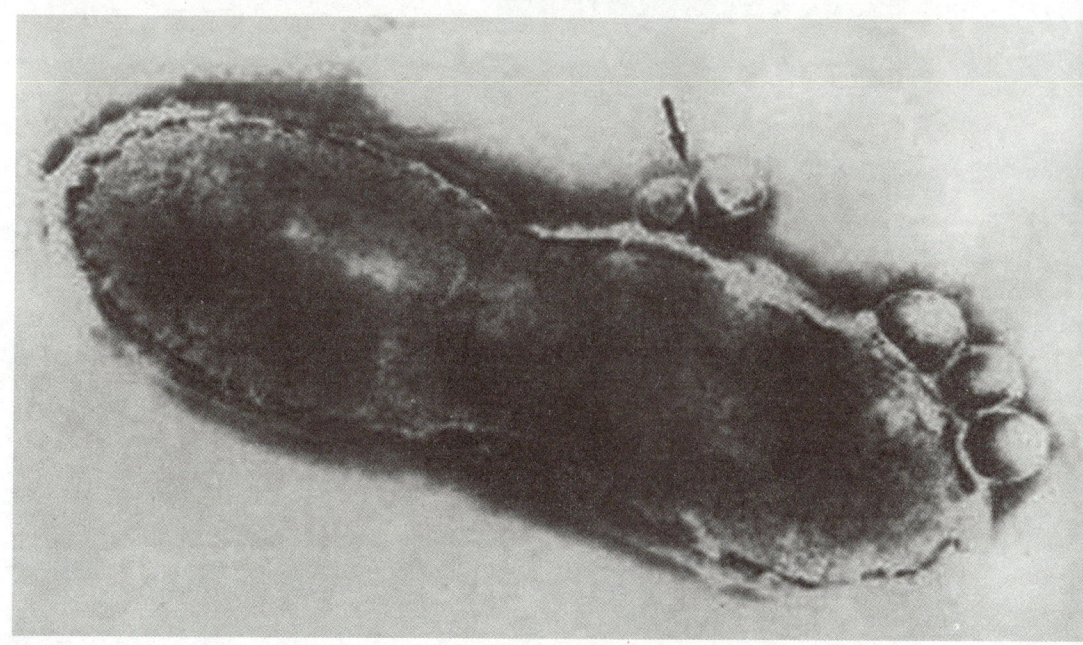

空肠弯曲菌

细菌培养

细菌培养是一种用人工方法使细菌生长繁殖的技术。细菌在自然界中分布极广,数量大,种类多,它可以造福人类,也可以成为致病的原因。大多数细菌可用人工方法培养,即将其接种于培养基上,使其生长繁殖。培养出来的细菌用于研究、鉴定和应用。细菌培养是一个复杂的技术。

培养基是供微生物、植物和动物组织生长和维持用的人工配制的养料,一般都含有碳水化合物、含氮物质、无机盐(包括微量元素)以及维生素和水等。有的培养基还含有抗菌素和色素。

培养基由于配制的原料不同,使用要求不同,而贮存保管方面也稍有不同。一般培养基在受热、吸潮后,易被细菌污染或分解变质,因此一般培养基必须防潮、避光、阴凉处保存。对一些需严格灭菌的培养基(如组织培养基),较长时间的贮存,必须放在 2~6℃的冰箱内。由于液体培养基不易长期保管,现在均改制成粉末。

第一章　细菌综述

细菌的表现特征

细菌能伴随着细胞生命的诞生而来，还可以伴随着地球生物的发展而发展。细菌主要有以下六个方面的表现特征：

◆ 细菌是一种微型动物

细菌与细胞动物一样都是异养生物，都是以自然界动植物的生物质作为营养食物来获取能量，都是以运动和不断繁殖的方式进行生存的。但不同的是动物是利用空气或水中的氧气进行交换的，而细菌是利用自然生物质的氧元素进行交换的。

◆ 细菌是一种原核生物

细菌不是由单细胞所构成的生命形态，它是一种寄生在细胞之中，比单细胞还要微小的呈单个孢子状的生命形态。它们的生存形态有球状、杆状、弧状、冠状、链状和螺旋状等。细菌的生态结构是外部由较为坚硬的核壁所组成，内部是个核膜，含有胶状物质，也称为核糖体，是合成蛋白质的地方。

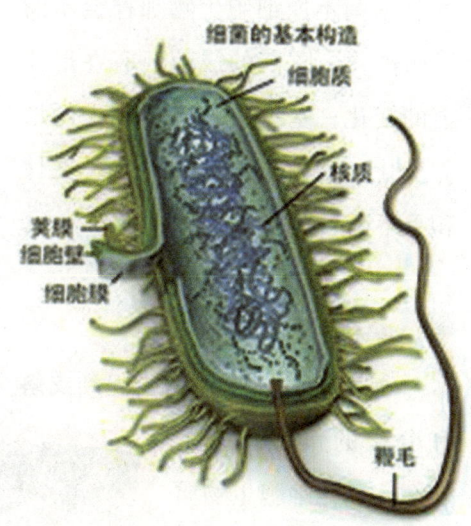

原核生物

◆ 细菌是一种寄生物

自然界哪里有生物质，哪里就有细菌生存的足迹。根据研究表明，细菌是寄生在自然界生物质的活体（指存活中的动植物和真菌）和自然体（指由历代动植物和真菌死亡后所形成的生物质）中而生存的。在所有细胞生物活体中，约有5%的空间是由细菌所占领的，每个人约有2.5千克的细菌寄生在体内。细菌还能伴随着细胞生物的遗传基因细胞代代相传。

◆ **细菌是一种定体生物**

细菌不像细胞生物那样会不断增殖进化，它们的成菌只有在形体上的变化，基本上没有体积上的增大变化。细菌是地球唯一一类在体积上不可以进化壮大的生物。

◆ **细菌是一种支解物**

细菌能对细胞生物质起到支解和分化的作用，并在支解、分化细胞生物质的过程中，能释放出燃烧能力特强的有毒化学物质。

◆ **细菌以毒为器**

动植物本身能根据其生理的点和生态定位，加上适者生存的需要，有些动物能专门合成和分解出一些有毒化学物质（体内细菌）以作为其自身生存的化学武器和赖以生存的手段。这些有毒的化学物质能高度集中，或是作为捕获其他动物的利器，或是作为其他动物攻击时自身的防御系统。这些动物诸如毒蛇、毒蛙、毒蝎、毒蛛、毒蜂、蓝环章鱼、椎型蜗牛、毒水母等，它们既能保护自身，又能获取食物来源。另外，还有一些植物能用自身的体内细菌在树叶上分解和合成出对动物带有毒性的化学物质和气体，既可以防止被动物所食掉，也能保证自身物种呈良性生长和延续。

影响细菌的物理因素

◆温 度

细菌对低温的耐受性较强，大多数细菌在液态空气(–190℃)或液态氧(–252℃)下可保存多年。高温

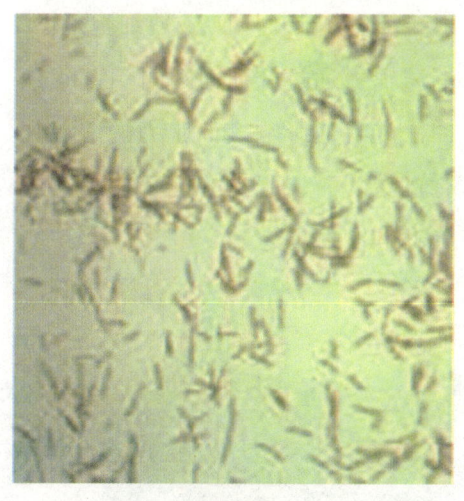

无芽孢菌

对细菌有明显的杀伤作用，大多数无芽孢菌在100℃煮沸时立即死亡，而有芽孢的细菌对高热有抗力。如炭疽芽孢可耐受煮沸5至15分钟，湿热灭菌比干热效果强，因为湿热灭菌渗透性大。

◆干 燥

大多数细菌的繁殖体在干燥空气中很快死亡。有些菌如结核杆菌对干燥耐力强，在干痰中保存数月后仍有传染性。干燥不能作为有效的灭菌手段，只能用于保存食物，但细菌在湿度＜15%、真菌在湿度＜5%时，均不利其生长。因此干燥的食物可保持相当一段时间而不坏。

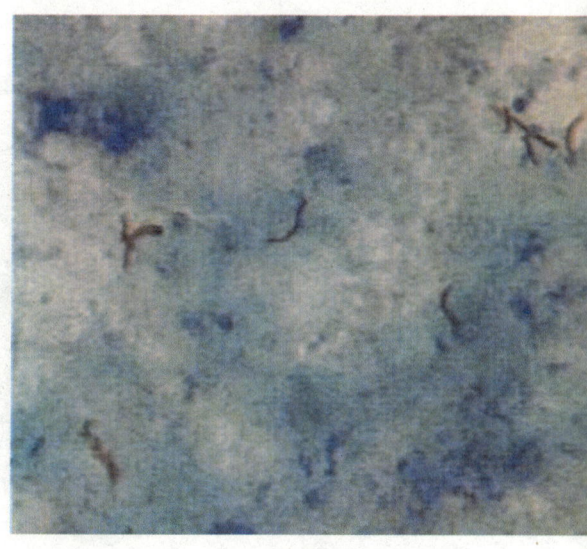

结核杆菌

◆ 射 线

紫外线对细菌的作用包括诱发突变及致死。紫外线的波长260微米时作用最强，主要作用于细菌的DNA，但紫外线的穿透力很弱，一薄层盖玻片就能吸收大部分紫外线。紫外线适量照射可以杀死细菌，但在照射后3小时再用可见光照射，则部分细菌又能恢复其活力，这种现象称为光复活作用。可见光杀菌作用虽不大，但在通过某些染料时，染料放出的荧光具有与紫外线同样的作用，可杀死细菌，称为光感作用。其原理目前尚不太清楚。

◆ 电离射线

放射性核素可以放出 α、β、γ 三种射线。β 射线穿透力强，在几秒钟内就能灭菌；γ 射线穿透力比 α、β 射线都强，但对细菌作用弱，消毒需要的时间长；α 射线穿透力弱，有杀菌和抑菌作用。电离射线损伤细胞的DNA，使细胞死亡，电离辐射通过介质时还可引起猛烈冲击。其他影响表面张力的溶液如有机酸、醇、肥皂等也可使一些细菌不生长或溶解。

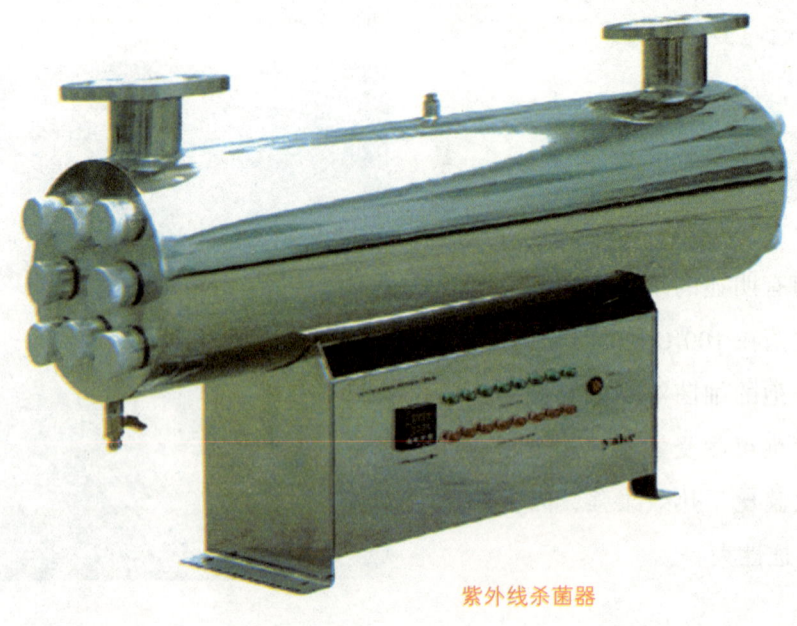

紫外线杀菌器

第一章 细菌综述

细菌的营养物质

各类细菌对营养物质的要求差别很大,包括水、碳源、氮源、无机盐和生长因子等。

◆水

细菌湿重的80%～90%为水。细菌代谢过程中所有的化学反应、营养的吸收和渗透、分泌、排泄均需有水才能进行。

◆碳源

各种无机或有机的含碳化合物(CO_2、碳酸盐、糖、脂肪等)都能被细菌吸收利用,作为合成菌体所必需的原料,同时也作为细菌代谢的主要能量来源。致病性细菌主要从糖类中获得碳,己糖是组成细菌内多糖的基本成分,戊糖参与细菌核酸组成。

碳酸盐沉积温泉

◆氮源

从分子态氮到复杂的含氮化合物都可被不同的细菌利用。但多数病原菌是利用有机氮化物如氨基酸、蛋白胨作为氮源。少数细菌(如固氮菌)能以空气中的游离氮或无机氮如硝酸盐、铵盐等为氮源,主要用于合成菌体细胞质及其他结构成分。

降至每升 7 毫克时，可显著增加毒素的产量，故在培养产毒株白喉杆菌 PW2 制备类毒素的生产中，多采用含铁很少的培养基，其毒素产量可达细菌产生蛋白量的 5% 以上，约占细菌外分泌总蛋白的 75% 以上，使培养基含毒素量达 500ug/L。研究认为低铁可影响细胞壁的通透性，利于毒素释放。亦有人认为宿主含铁蛋白可抑制白喉毒素基因，故低铁时可导致白喉毒素产量增高。

◆ 无机盐

钾、钠、钙、镁、硫、磷、铁、锰、锌、钴、铜、钼等是细菌生长代谢中所需的无机盐成份。除磷、钾、钠、镁、硫、铁需要量较多外，其他只需微量。各类无机盐的作用为：

①构成菌体成份；

②调节菌体内外渗透压；

③促进酶的活性或作为某些辅酶组分；

④某些元素与细菌的生长繁殖及致病作用密切相关，如白喉杆菌产毒株其毒素产量明显受培养基中铁含量的影响。培养基中铁浓度

镁

第一章 细菌综述

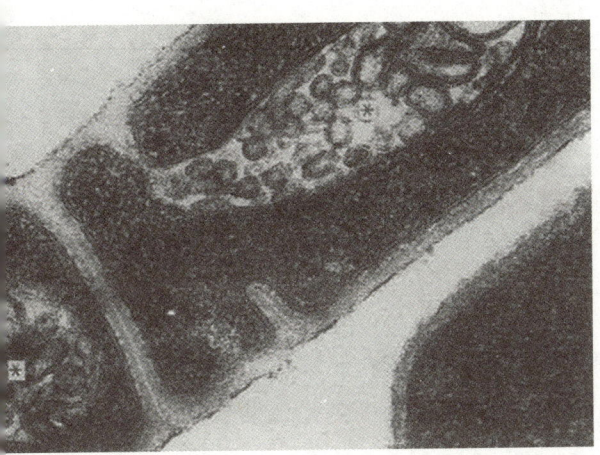
白喉杆菌

同，如大肠杆菌很少需要生长因子，而有些细菌如肺炎球菌则需要胱氨酸、谷氨酸、色氨酸、天冬酰胺、核黄素、腺嘌呤、尿嘧啶、泛酸、胆碱等多种生长因子。致病菌合成能力差，生长繁殖过程必需提供复杂的营养物质以使其获得相应的生

◆ 生长因子

很多细菌在其生长过程中还必需一些自身不能合成的化合物质，称为生长因子。生长因子必须从外界得以补充，其中包括维生素、某些氨基酸、脂类、嘌呤、嘧啶等。

各种细菌对生长因子的要求不

色氨酸

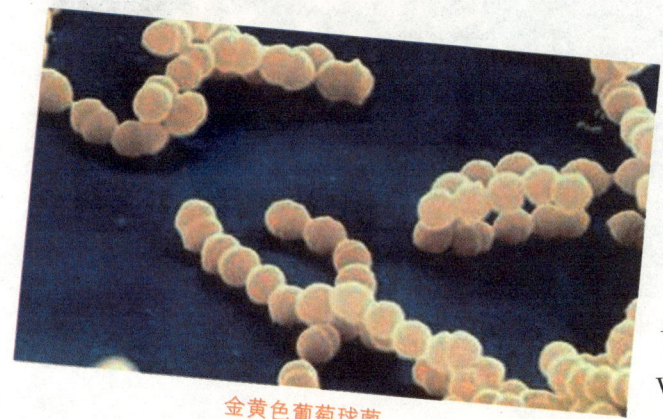
金黄色葡萄球菌

长因子。有些生长因子仅为少数细菌所需，如流行性感冒杆菌需 V、X 两种因子，而金黄色葡萄球菌生长过程可合成较多的 V 因子。

微生物百科——细菌 043

细菌与生物链

大部分细菌是分解者,处在生物链的最底层。还有一部分细菌是消费者和生产者。比如硫细菌、铁细菌等,他们是化能合成异养型,属于生产者,可以利用无机物硫铁等制造自身需要的有机物。而根瘤菌则是消费者,它们与豆科植物互利共生,消耗豆科植物光合作用所生产的有机物,因此为消费者。当然,细菌最主要的作用还是分解者,如果没有细菌真菌等微生物,世界将是尸体的海洋。

根瘤菌

硫细菌

第一章 细菌综述

细菌的繁殖

细菌是一类没有细胞核膜和细胞器膜的单细胞微生物。可以以无性或者遗传重组两种方式繁殖，最主要的方式是以二分裂法这种无性繁殖的方式：一个细菌细胞细胞壁横向分裂，形成两个子代细胞。并且单个细胞也会通过如下几种方式发生遗传变异：突变（细胞自身的遗传密码发生随机改变）、转化（无修饰的DNA从一个细菌转移到溶液中另一个细菌中）、转导（病毒的或细菌的DNA，或者两者的DNA，通

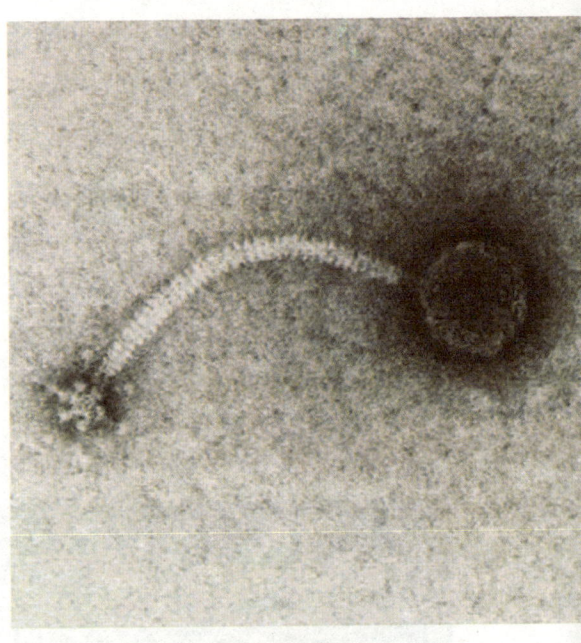

单细胞微生物

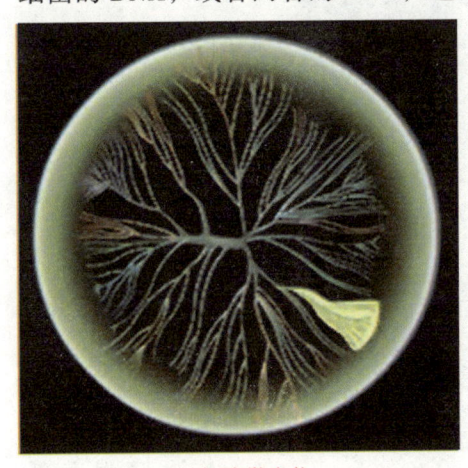

单细胞微生物

过噬菌体转移到另一个细菌中）、细菌接合（一个细菌的DNA通过两细菌间形成的特殊的蛋白质结构，接合菌毛，转移到另一个细菌）。

细菌可以通过这些方式获得DNA，然后进行分裂，将重组的基因组传给后代，许多细菌都含有包含染色体外DNA的质粒。处于有利

环境中时，细菌可以形成肉眼可见的集合体，例如菌簇。

运动型细菌可以依靠鞭毛、细菌滑行或改变浮力来四处移动。另一类细菌如螺旋菌，具有一些类似鞭毛的结构，称为轴丝，连接周质的两细胞膜。当它们移动时，身体呈现扭曲的螺旋型。细菌鞭毛以不同方式排布，细菌一端可以有单独的极鞭毛，或者一丛鞭毛。周毛菌表面具有分散的鞭毛。运动型细菌可以被特定刺激吸引或驱逐，这个行为称作趋性，例如趋化性、趋光性、趋机械性。有一种特殊的细菌如粘细菌中，个体细菌互相吸引，聚集成团，形成子实体。

◆ 细菌生长繁殖的条件

掌握细菌生长繁殖的条件、影响因素及规律对临床医学及基础研究均有重要意义。

（1）充足的营养

必须有充足的营养物质才能为细菌的新陈代谢及生长繁殖提供必需的原料和足够的能量。

（2）适宜的温度

细胞生长的温度极限为 -7℃～90℃。各类细菌对温度的要求不同，可分为嗜冷菌（最适生长温度为10℃～20℃）、嗜温菌（20℃～40℃）、嗜热菌（在高至56℃～60℃生长最好）。病原菌均为嗜温菌，最适温度为人体的体温，即37℃，故实验室一般采用37℃培养细菌。

有些嗜温菌低

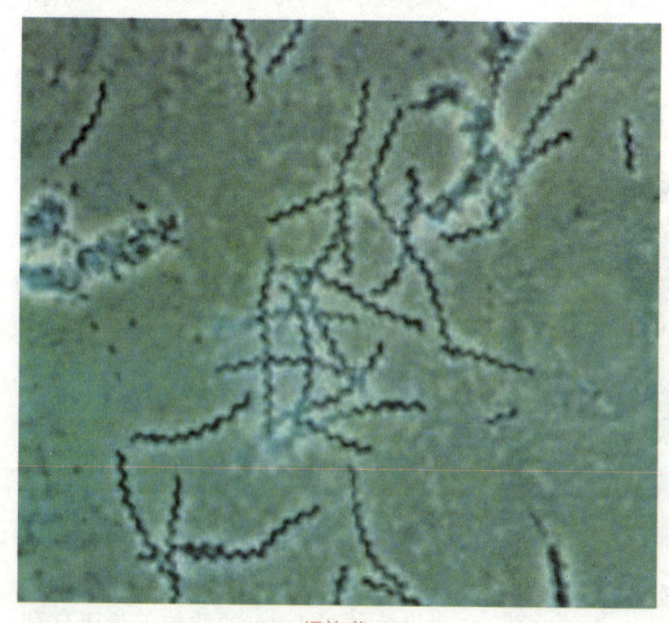

螺旋菌

第一章　细菌综述

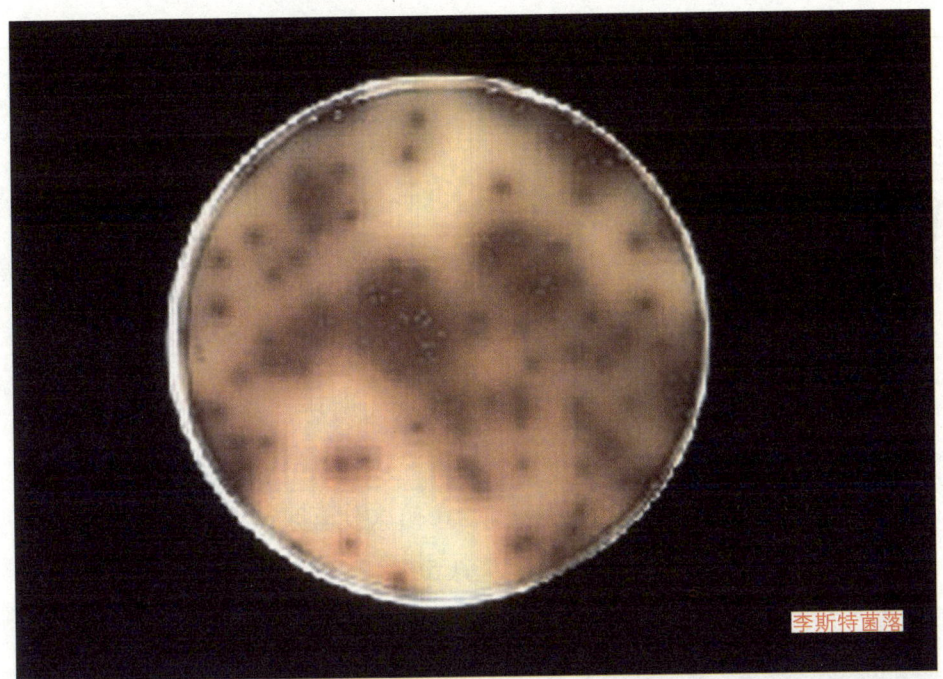

李斯特菌落

温下也可生长繁殖。如5℃冰箱内，金黄色葡萄球菌缓慢生长释放毒素，故食用过夜冰箱冷存食物，可致食物中毒。

（3）合适的酸碱度

在细菌的新陈代谢过程中，酶的活性在一定的pH范围才能发挥。多数病原菌最适pH为中性或弱碱性（pH7.2～7.6）。人类血液、组织液pH为7.4，细菌极易生存。胃液偏酸，绝大多数细菌可被杀死。个别细菌在碱性条件下生长良好，如霍乱弧菌在pH8.4～9.2时生长最好；也有的细菌最适pH偏酸，如结核杆菌（pH6.5～6.8）、乳本乡杆菌（pH5.5）。细菌代谢过程中分解糖

嗜热菌

产酸，pH下降，影响细菌生长，所以培养基中应加入缓冲剂，保持pH稳定。

（4）必要的气体环境

氧的存在与否和细菌的生长有关，有些细菌仅能在有氧条件下生长，有的只能在无氧环境下生长，而大多数病原菌在有氧及无氧的条件下均能生存。一般细菌代谢中都需CO_2，但大多数细菌自身代谢所产生的CO_2即可满足需要。有些细菌，如脑膜炎双球菌在初次分离时需要较高浓度的CO_2（5%～10%），否则生长很差甚至不能生长。

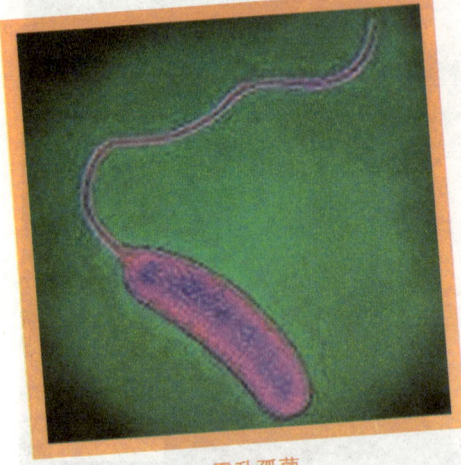
霍乱弧菌

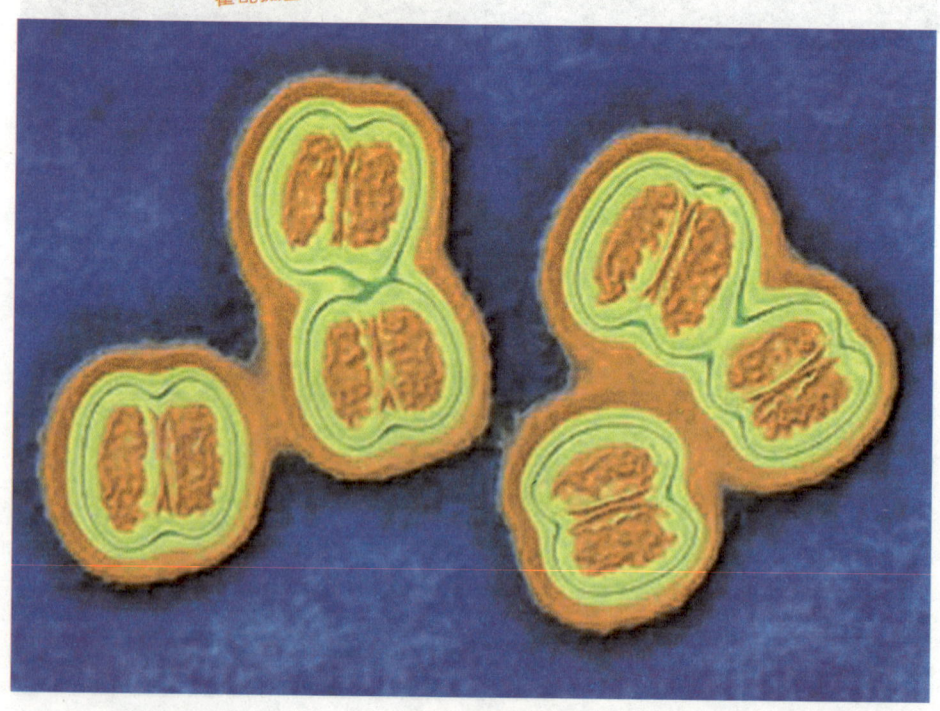
脑膜炎双球菌

细菌发电

生物学家预言,21世纪将是细菌发电造福人类的时代。说起细菌发电,可以追溯到1910年,英国植物学家利用铂作为电极放进大肠杆菌的培养液里,成功地制造出世界上第一个细菌电池。1984年,美国科学家设计出一种太空飞船使用的细菌电池,其电极的活性物质是宇航员的尿液和活细菌。不过,那时的细菌电池放电效率较低。到了20世纪80年代末,细菌发电才有了重大突破,英国化学家让细菌在电池组里分解分子,以释放电子向阳极运动产生电能。其方法是,在糖液中添加某些诸如染料之类的芳香族化合物作为稀释液,来提高生物系统输送电子的能力。在细菌发电期间,还要往电池里不断地充气,用以搅拌细菌培养液和氧化物质的混和物。据计算,利用这种细菌电池,每100克糖可获得1352930库仑的电能,其效率可达40%,远远高于现在使用的电池的效率,而且还有10%的潜力可挖掘。只要不断地往电池里添入糖就可获得2安培电流,且能持续数月之久。

◆ 细菌生长繁殖的方式与速度

细菌的生长繁殖包括菌体各组成部分有规律的增长及菌体数量的增加。细菌以简单的二分裂方式无性繁殖，其突出的特点为繁殖速度极快。细菌分裂倍增的必需时间，称为代时，细菌的代时决定于细菌

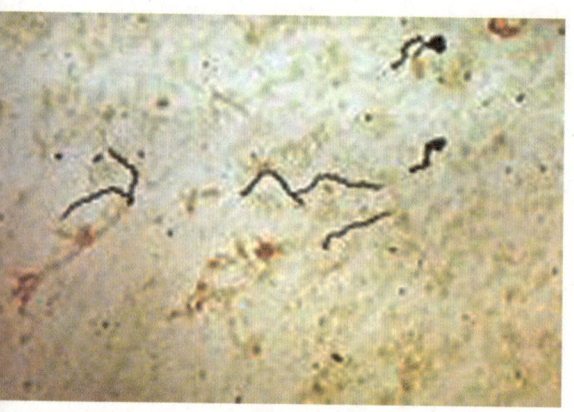

梅毒螺旋体

的种类。细菌代时一般为20至30分钟，个别菌较慢，如结核杆菌代时为18至20小时，梅毒螺旋体为33个小时。

（1）细菌个体的生长繁殖

细菌一般以简单的二分裂法进行无性繁殖，个别细菌如结核杆菌偶有分枝繁殖的方式。在适宜条件下，多数细菌繁殖速度极快，分裂一次需时仅20～30分钟。球菌可从不同平面分裂，分裂后形成不同方式排列，杆菌则沿横轴分裂。细菌分裂时，菌细胞首先增大，染色体复制。在革兰氏阳性菌中，细菌染色体与中价体相连。当染色体复制时，中价体亦一分为二，各向两端移动，分别拉着复制好的一根染色体移到细胞的一侧。接着细胞中部的细胞膜由外向内陷入，逐渐伸展，形成横隔。同时细胞壁亦向内生长，成为两个子代细胞的胞壁，最后由于肽聚糖水解酶的作用，使细胞壁肽聚糖的共价键断裂，全裂成为两个细胞。革兰氏阴性菌无中价体，染色体直接连接在细胞膜上。复制产生的新染色体则附着在邻近

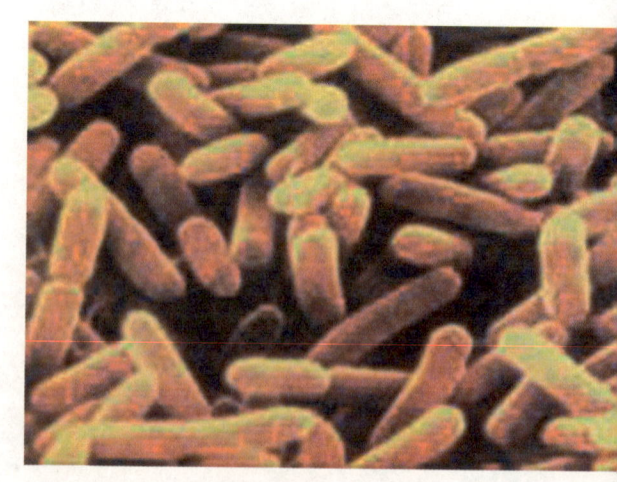

杆菌

第一章 细菌综述

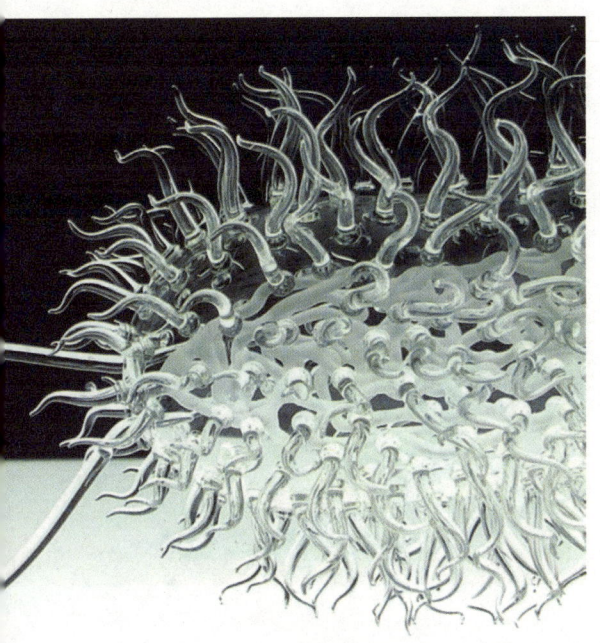

大肠杆菌

的一点上，在两点之间形成新的细胞膜，将两团染色体分离在两侧。最后细胞壁沿横膈内陷，整个细胞分裂成两个子代细胞。

（2）细菌群体的生长繁殖规律

细菌繁殖速度之快是惊人的。大肠杆菌的代时为20分钟，以此计算，在最佳条件下8小时后，1个细胞可繁殖到200万上；10小时后可超过10亿；24小时后，细菌繁殖的数量可庞大到难以计算数据的程度。但实际上，由于细菌繁殖中营养物质的消耗，毒性产物的积聚及环境pH的改变，细菌绝不可能始终保持原速度无限增殖。经过一定时间后，细菌活跃增殖的速度逐渐减慢，死亡细菌逐增、活菌率逐减。

将一定数的细菌放入适当培养基后，研究细菌生长过程的规律。以培养时间为横坐标，培养物中活菌数的对数以纵坐标，可得出一条生长曲线。

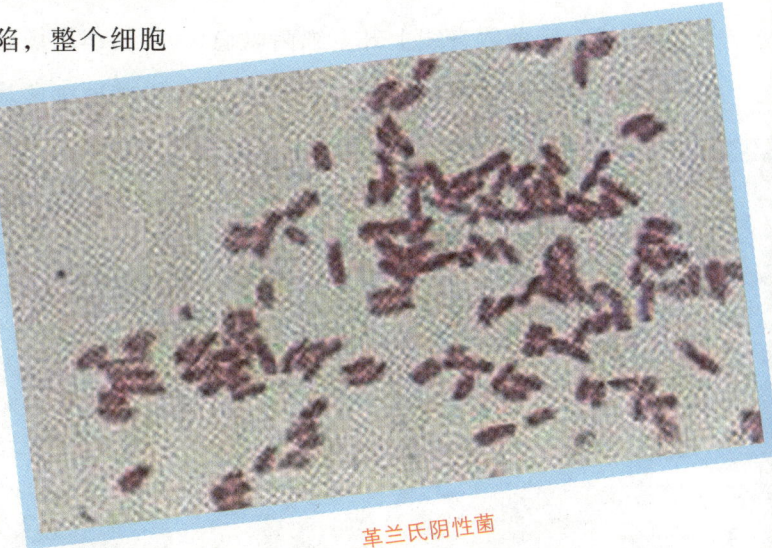

革兰氏阴性菌

微生物百科——细菌　051

◆细菌群体的生长繁殖各期

细菌群体的生长繁殖时期可分为四期：

（1）迟缓期

细菌接种至培养基后，对新环境有一个短暂适应过程（不适应者可因转种而死亡）。此期曲线平坦稳定，因为细菌繁殖极少。迟缓期长短因素种、接种菌量、菌龄以及营养物质等不同而异，一般为1至4小时。此期中细菌体积增大，代谢活跃，为细菌的分裂增殖合成、储备充足的酶、能量及中间代谢产物。

（2）对数期

对数期又称指数期，此期生长曲线上活菌数直线上升。细菌以稳定的几何级数极快增长，可持续几

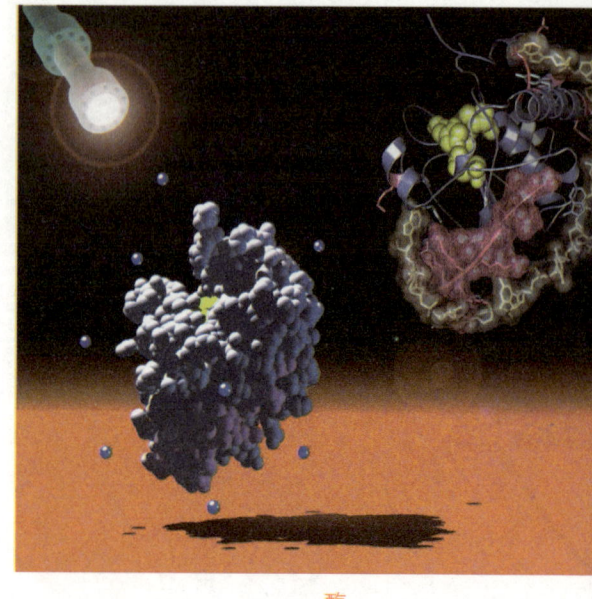

酶

小时至几天不等（视培养条件及细菌代时而异）。此期细菌形态、染色、生物活性都很典型，对外界环境因素的作用敏感，因此研究细菌性状以此期细菌最好。抗生素作用，对该时期的细菌效果最佳。

（3）稳定期

该期的生长菌群总数处于平坦阶段，但细菌群体活力变化较大。由于培养基中营养物质消耗、毒性产物（有

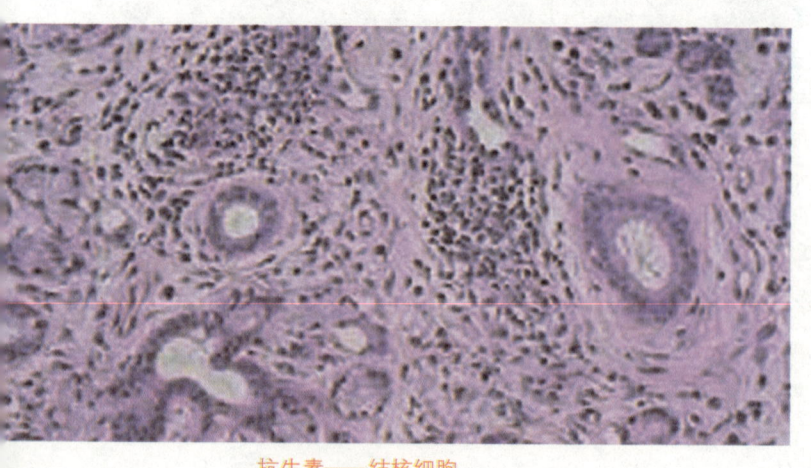

抗生素——结核细胞

第一章 细菌综述

机酸等）积累 pH 下降等不利因素的影响，细菌繁殖速度渐趋下降，相对细菌死亡数开始逐渐增加，此期细菌增殖数与死亡数渐趋平衡。细菌形态、染色、生物活性可出现改变，并产生相应的代谢产物如外毒素、内毒素、抗生素、以及芽胞等。

（4）衰亡期

随着稳定期发展，细菌繁殖越来越慢，死亡菌数明显增多。活菌数与培养时间呈反比关系，此期细菌变长肿胀或畸形衰变，甚至菌体自溶，难以辨认其形，生理代谢活动趋于停滞。故陈旧培养物上难以鉴别细菌。

体内及自然界细菌的生长繁殖受机体免疫因素和环境因素的多方面影响，不会出现像培养基中那样典型的生长曲线。掌握细菌生长规律，可有目的地研究控制病原菌的生长，发现和培养对人类有用的细菌。

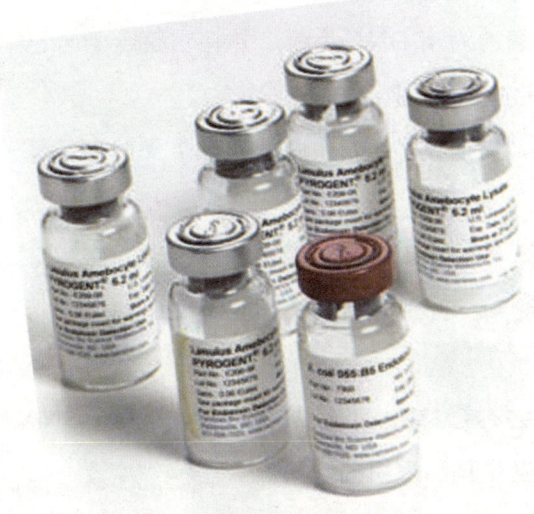

内毒素

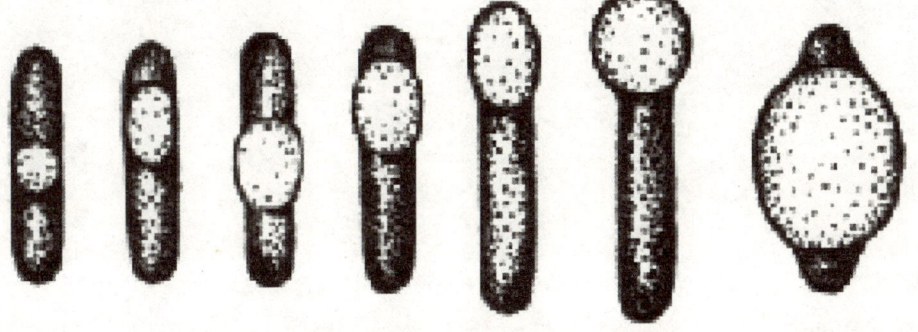

芽 胞

细菌的基因重组

细菌的基因重组是指将性状不同的个体细胞的遗传基因,转移到另一细胞内,使之发生遗传变异的过程。细菌的基因重组有:

(1) 转化:受菌直接摄取供菌的游离 DNA 片断,并将它整合到自己的基因组中,而获得供菌部分遗传性状的现象。

(2) 转导:以噬菌体为媒介,供菌中的 DNA 片段被带至受菌中,使后者获得部分遗传性状。

(3) 溶原转变:当温和噬菌体感染其寄主,将噬菌体基因带入寄生基因组时,使后者获得新的性状的现象。当寄生菌丧失该噬菌体时,所获得新的性状亦消失。

(4) 接合:供菌与受菌通过直接接触或性菌毛介导,供菌的大段 DNA(包括质粒)进入受菌,而与后者发生基因重组的现象。

细菌的能量代谢

细菌代谢所需的能量，绝大多数是通过生物氧化作用而获得的。所谓生物氧化即在酶的作用下生物细胞内所发生的系列氧化还原反应。

致病菌获得能量的基质主要是糖类，通过糖的氧化或酵解释放能量，并以高能磷酸键的形式（ADP、ATP）储存能量。

细菌生物氧化的类型分为呼吸与发酵。在生物化过程中，细菌的营养物（如糖）经脱氢酶作用所脱下的氢，需经过一系列中间递氢体（如辅酶Ⅰ、辅酶Ⅱ、黄素蛋白等）的传递转运，最后将氢交给受氢体。以无机物为受氢体的生物氧化过程，称为呼吸，其中以分子氧为受氢体的称需氧呼吸；而以无机化合物（如硝酸盐、硫酸盐）为受氢体的称厌氧呼吸。生物氧化中以各种有机物为受氢体的称为发酵。大多数病原菌只进行需氧呼吸或发酵。

（1）需氧呼吸：细菌的呼吸链位于细胞膜上，需氧呼吸伴有氧化磷酸化作用，产生大量能量并以高能磷酸键形式贮存于ATP中。1分子葡萄糖经三羧酸循环完全氧化后，可产生38个分子ATP以供细菌合成代谢和生长繁殖之用。

（2）发酵：酶系统不完善的细菌，生物氧化过程不彻底，所产生的能量很低。通过无氧发酵，1分子葡萄糖只能产生2分子ATP，仅为需氧呼吸所产生能量的1/19。专性厌氧菌和兼性厌氧菌都能通过发酵获取能量。

细菌与真菌的区别

细菌和真菌的名称中均有一个"菌"字,同属微生物,但两者在生物类型、结构、大小、增殖方式和名称上却有着诸多不同。比较如下:

◆ **生物类型**

一是就有无成形的细胞核来看:细菌没有核膜包围形成的细胞核,属于原核生物;真菌有核膜包围形成的细胞核,属于真核生物。

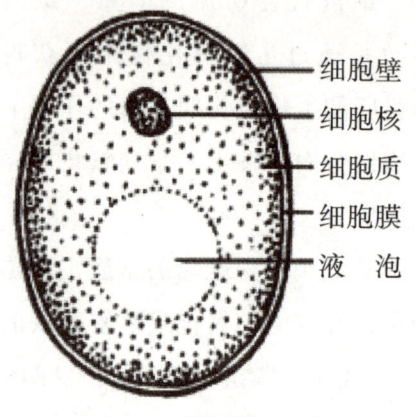

酵母菌

二是就组成生物的细胞数目来看:细菌全部是由单个细胞构成,为单细胞型生物;真菌既有由单个细胞构成的单细胞型生物(如酵母菌),也有由多个细胞构成的多细胞型生物(如食用菌、霉菌等)。

◆ **细胞结构**

细菌和真菌都具有细胞结构,属于细胞型生物。在它们的细胞结构中都具有细胞壁、细胞膜、细胞质,但却存在诸多不同,具体表现

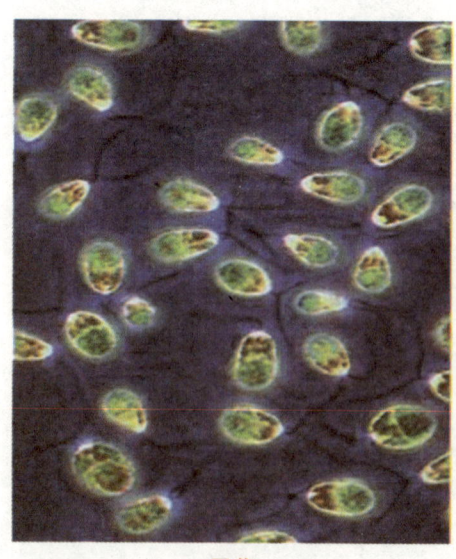

霉菌

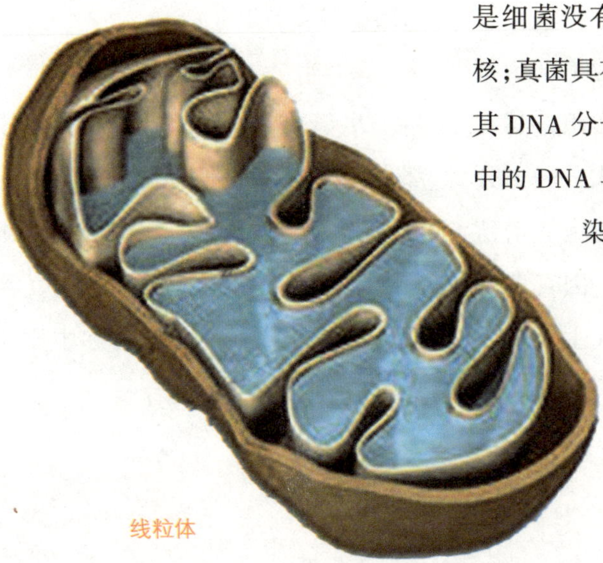

第一章 细菌综述

是细菌没有成形的细胞核,只有拟核;真菌具有。四是细菌没有染色体,其DNA分子单独存在;真菌细胞核中的DNA与蛋白质结合在一起形成染色体(染色质)。

◆ 细胞大小

原核细胞一般较小,直径一般为1~10微米;真核细胞较大,直径一般为10~100微米。

线粒体

在:一是细胞壁的成分不同:细菌细胞壁的主要成分是肽聚糖,而真菌细胞壁的主要成分是几丁质。二是细胞质中的细胞器组成不同:细菌只有核糖体一种细胞器;而真菌除具有核糖体外,还有内质网、高尔基体、线粒体、中心体等多种细胞器。三

内质网

微生物百科——细菌 057

◆ 增殖方式

　　细菌是原核生物，为单细胞型生物，通过细胞分裂而增殖，具有原核生物增殖的特有方式——二分裂。真菌为真核生物，细胞的增殖主要通过有丝分裂进行，因真菌种类的不同其个体增殖方式主要有出芽生殖（如酵母菌）和孢子生殖（食用菌）等方式。

◆ 名称组成

　　尽管在细菌和真菌的名称中都有一个菌字，但细菌的名称中一般含有球、杆、弧、螺旋等描述细菌形态的字眼，只有乳酸菌例外（实为乳酸杆菌）；而真菌名称中则不含有。

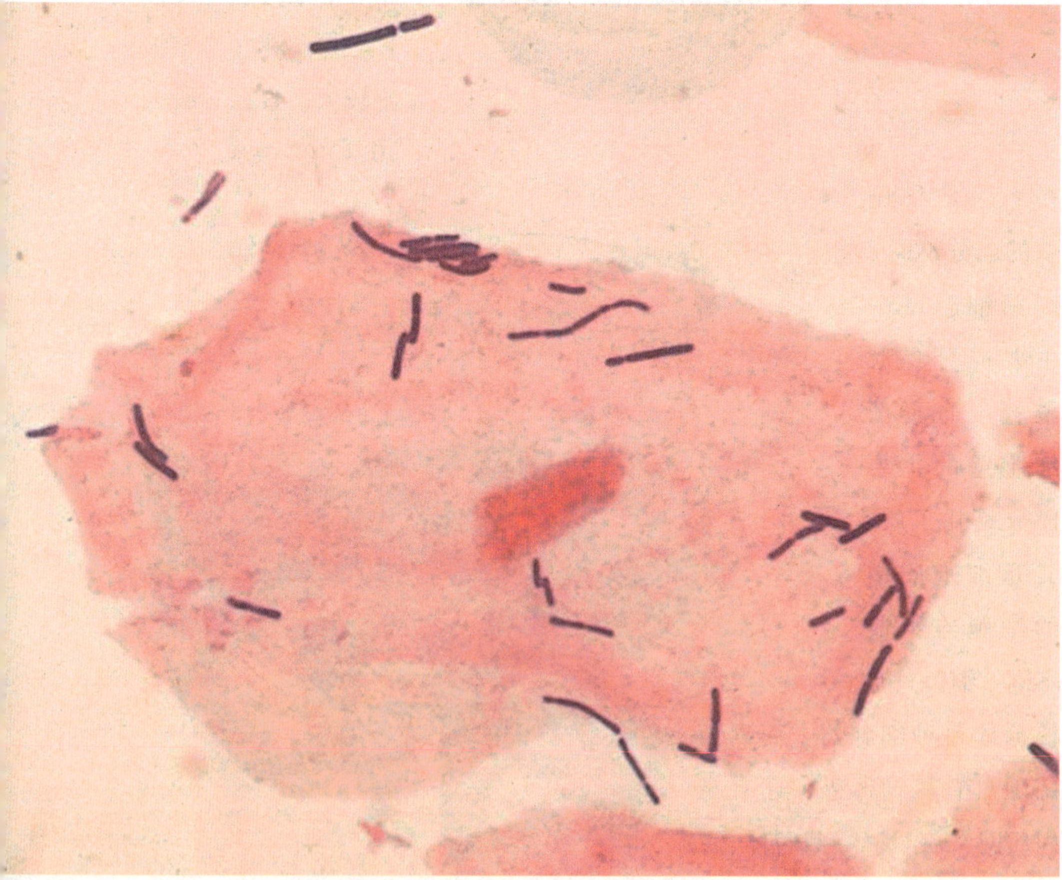

乳酸杆菌

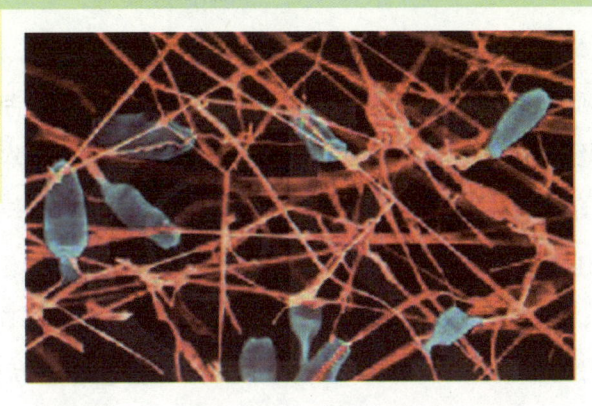

第二章 细菌的类别与分布

细菌的分类是在对细菌的大量分类标记进行鉴定和综合分析的基础上进行的。用作细菌的分类标记有形态学、生理生化学、免疫化学和遗传学等方面的性状。近年来,应用各种现代化技术和设备研究细胞的化学结构和化学组成,分析它们的来源关系,为发展细菌分类学开拓了前景。

细菌的分类等级和其他生物相同,为界、门、纲、目、科、属、种,临床细菌检验常用的分类单位是科、属、种。种是细菌分类的基本单位,形态学和生理学性状相同的细菌群体构成一个菌种;性状相近、关系密切的若干菌种组成属;相近的属归为科,依次类推。在两个相邻等级之间可添加次要的分类单位,如亚门、亚纲、亚属、亚种等。同一菌种不同的细菌称该菌的不同菌株。它们的性状可以完全相同,也可以有某些差异。具有该种细菌典型特征的菌株称为该菌的标准菌株,在细菌的分类、鉴定和命名时都以标准菌株为依据,标准菌株也可作为质量控制的标准。

细菌的分类方法简介

◆ **生理学与生物化学分类法**

细菌的形态、染色体以及细菌的特殊结构是最早和最基本的分类依据；而细菌的生理生化特征一直作为分类的主要依据。

目前，以生理生化学作细菌分类的广泛采用方法有两种，即传统分类法和数值分类法。

（1）传统分类法：传统分类的原则是将生物的基本性质分为主要的和次要的（主次原则），然后将主次顺序一级一级地往下分，直至最小区分。按细胞形态、革兰染色性、鞭毛及代谢特点作为较高一级分类依据。科、属、种水平的分类主要依靠生化特性和抗原结构。

（2）数值分类法：数值分类法集数字、电子、信息及自动化分析技术于一体，将细菌的一些基本性质视为同等重要（等重要原则）。其采用标准化、成品化和配套生化反应试剂条，检测细菌的数十个生理生化特性。每个细菌都能产生一套阴阳性结果，然后转换成数字，通过电子计算机进行复杂计算，比较

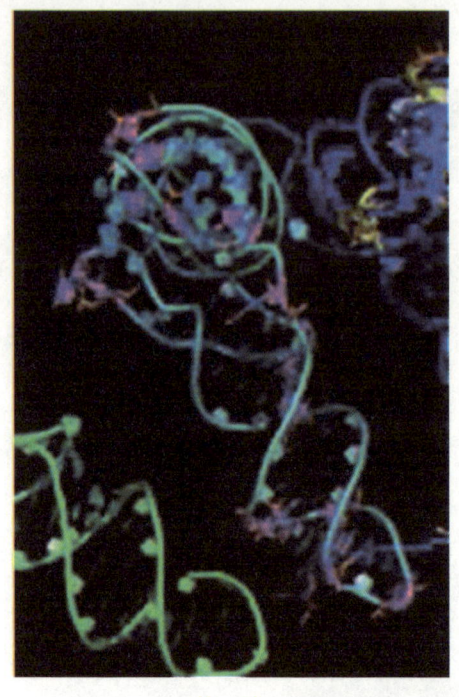

核　酸

①对细菌的"种"有一个较为一致的概念；

②使分类不会出现经常性或根本性的变化；

③可制定可靠的细菌鉴定方案；

④有利于了解细菌的进化和原始亲缘关系。目前较为稳定的应用遗传学的细菌分类方法有几种：如DNAG+Cmol％测定、核酸同源值测定、核糖体RNA碱基序列测定。

每一株与其他类同株，测定其相似度。根据相似度，区分细菌的种群，并确定各种细菌的亲缘关系。

◆ **遗传学分类法**

遗传学分类是以细菌的核酸、蛋白质等在组成的同源程度分类。该分类法具有下述的优点：

蛋白质

第二章 细菌的类别与分布

细菌的分类系统和命名

◆ 细菌的分类系统

细菌分类系统有多种，为了便于文献资料的相互比较、分析和交流，目前国际上普遍采用伯杰分类系统，也有采用CDC（美国疾病预防和控制中心）分类系统。包括有细菌的鉴定以及细菌分类资料。目前以细菌细胞壁的结构特点作最高一级分类依据，将原核生物界分为4个菌门：薄壁菌门、坚壁菌门、软壁菌门和疵壁菌门。

◆ 细菌的命名

国际上一个细菌种的科学命名采用拉丁文双命名法。其由两个拉丁字组成，前一字为属名，用名词，首字母大写；后一字为种名，用形容词，首字母小写，印刷时用斜体字。中文译名则是以种名放在前面，属名放在后面。例如结核分枝杆菌、伤寒沙门菌等。有时某些常见的细菌也可用习惯通用的俗名，如结核杆菌、伤寒杆菌等。

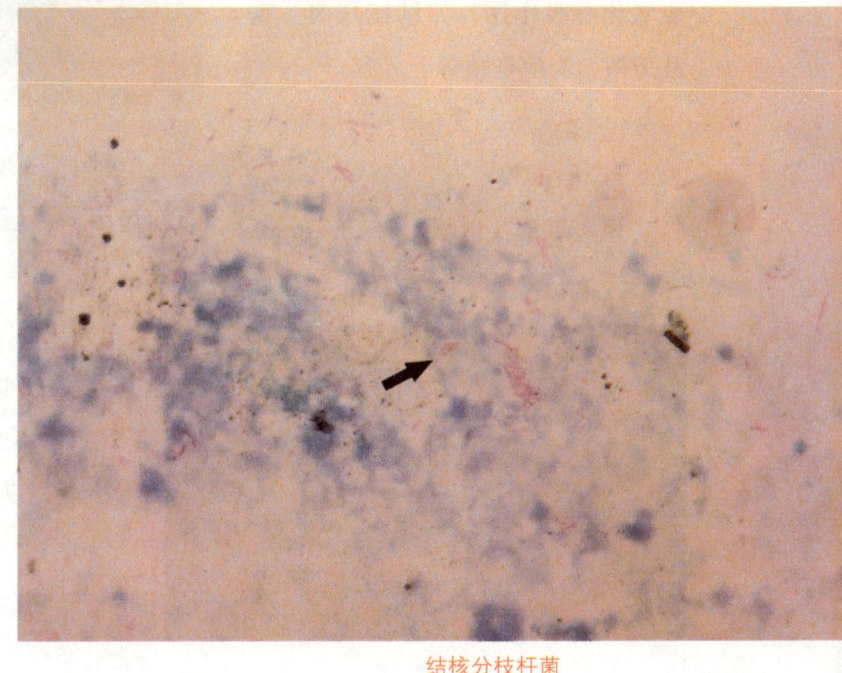

结核分枝杆菌

普通细菌分类

根据细菌对氧气的需要可将其分为 4 类：

◆ **专性需氧菌**

专性需氧菌是在有氧的环境中才能生长繁殖的细菌。此类细菌具有完善的呼吸酶系统，能进行需氧呼吸，需要分子氧作为受氢体以完成氧化呼吸作用。如结核杆菌、霍乱弧菌、炭疽杆菌等。

◆ **微需氧菌**

微需氧菌在低氧压（5%～6%）下生长最好，氧浓度＞10%对其有抑制作用。如空肠弯曲菌、幽门螺杆菌等。

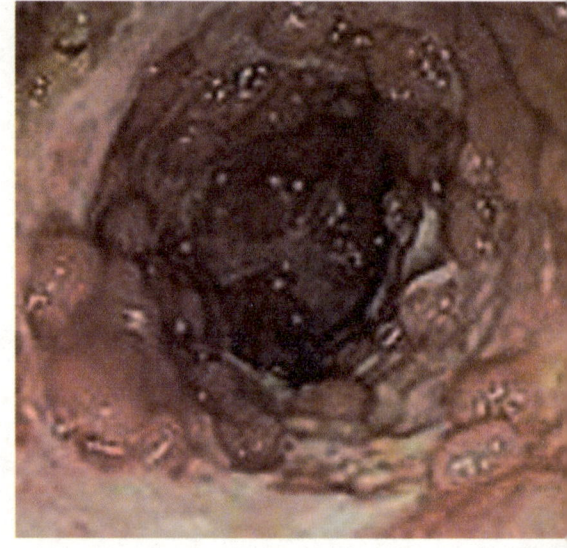

空肠弯曲菌

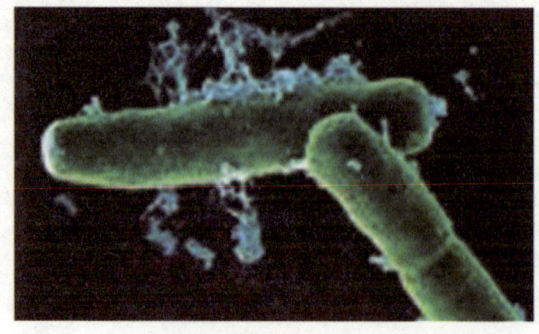

炭疽杆菌

◆ **兼性厌氧菌**

兼性厌氧菌又称兼嫌气性微生物、兼嫌气菌、兼性好氧菌，在有氧或无氧环境中均能生长繁殖的微生物。在有氧或缺氧条件下，可通过不同的氧

第二章 细菌的类别与分布

化方式获得能量。如酵母菌在有氧环境中进行有氧呼吸，在缺氧条件下发酵葡萄糖生成酒精。许多肠道细菌，如大肠杆菌等均属此类。兼性厌氧菌兼有需氧呼吸和无氧发酵两种功能，不论在有氧或无氧环境中都能生长，但以有氧时生长较好。大多数病原菌属于此。

◆ 专性厌氧菌

专性厌氧菌是指在无氧的环境中才能生长繁殖的细菌。此类细菌缺乏完善的呼吸酶系统，只能进行无氧发酵，不但不能利用分子氧，而且游离氧对其还有毒性作用。如破伤风杆菌、肉毒杆菌、产生荚膜杆菌等。

专性厌氧菌是只能在没有游离氧存在的环境中生存的微生物，甲

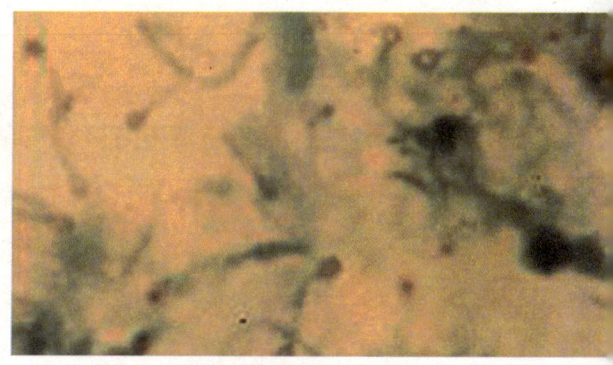

破伤风杆菌

烷菌即属此类细菌。人们利用甲烷菌等产生沼气，利用厌氧菌处理各种有机废物和废水。

专性厌氧菌不能呼吸，只能发酵。其原因是：

（1）厌氧菌缺乏细胞色素与细胞色素氧化酶，因此不能氧化那些氧化还原电势较高的氧化型物质。

（2）厌氧菌缺乏过氧化氢酶、过氧化物酶和超氧化物歧化酶，不能清除有氧环境下所产生的超氧离子（O_2^-）和过氧化氢（H_2O_2），因而难以存活。

（3）有氧条件下，细菌某些酶的 -SH 基被氧化为 S-S 基（如琥珀酸脱氢酶等），从而酶失去活性，使细菌生长受到抑制。总之，厌氧菌的厌氧原因可有多种因素与机理。

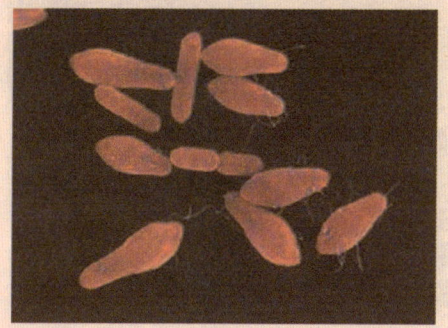

肉毒杆菌

细菌的营养类型

根据细菌所需要的能源、碳源的不同,可将细菌的营养类型分为以下四大类。

◆ 光能自养细菌

光能自养细菌是利用光作为生活所需要的能源,利用 CO_2 作为碳源,以无机物作为供氢体以还原 CO_2 合成细胞的有机物。例如,红硫细菌、绿硫细菌等,它们细胞内都含有光合色素,它们完全可以在无机的环境中生长。

细菌的光合作用与高等绿色植物的光合作用相似,所不同的是高等绿色植物以水作为 CO_2 的还原剂,同时放出氧;而光合细菌则是从 H_2S、$Na_2S_2O_3$ 等无机硫化物中得到氢还原 CO_2,并析出硫。

◆ 光能异养细菌

光能异养细菌利用光作为能源,利用有机物作为供氢体还原

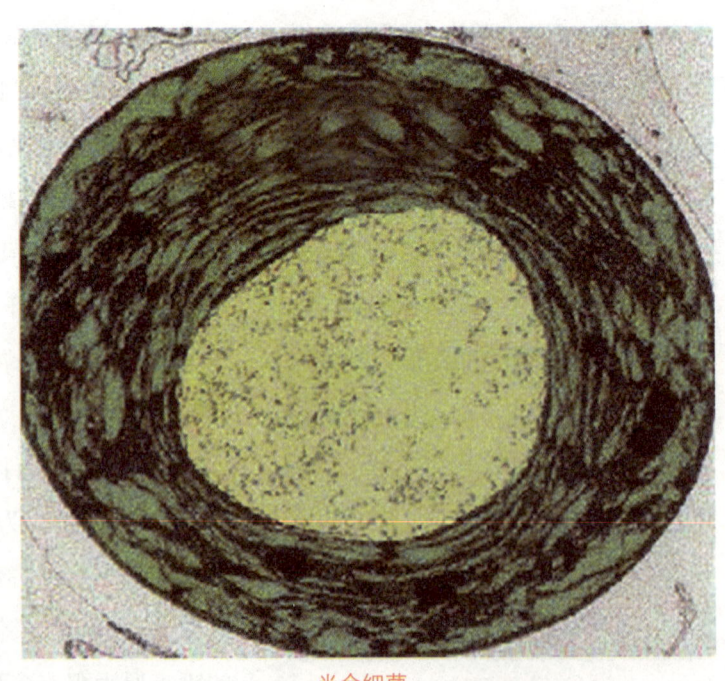

光合细菌

第二章 细菌的类别与分布

CO_2 合成细胞有机物。如红螺细菌能利用异丙醇作为供氢体进行光合作用,并积累丙酮。

◆ 化能自养细菌

化能自养细菌的能源来自无机物氧化所产生的化学能,碳源是 CO_2(或碳酸盐)。它们可以在完全无机的环境中生长发育,如硫细菌、铁细菌、硝化细菌、氢细菌等。硝化细菌、硫细菌就是利用这种方式来合成有机物的。

葡萄糖粉

◆ 化能异养细菌

这是绝大多数细菌的营养类型。化能异养细菌所需要的能源来自有机物氧化产生的化学能,它们的碳源也主要是有机物,如淀粉、纤维素、葡萄糖、有机酸等。因此有机碳化物对这类细菌来说既是碳源也是能源。化能异养细菌又可分为腐生和寄生两类,在腐生和寄生之间存在着不同程度的既可腐生又可寄生的中间类型,称为兼性腐生或兼性寄生。

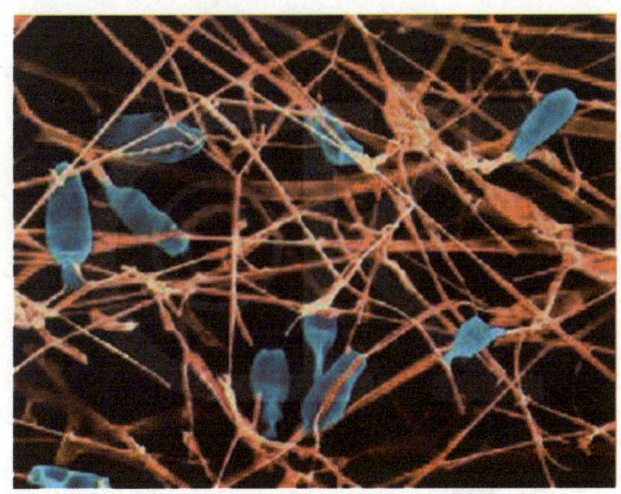

硝化细菌

细菌潜伏 10 死角

你知道细菌最喜欢藏在哪里吗？美国 MSN 网站指出了细菌最易潜伏的 10 个死角。

（1）真空吸尘器。50％的真空吸尘器被测出含有大肠杆菌等粪便细菌。由于细菌在真空环境中能存活 5 天，因此，每次用完吸尘器后，应该往吸尘器的刷子上喷些消毒水。

（2）运动手套。葡萄球菌非常"留恋"聚酯，而很多运动手套中含有聚酯，当人们抓起举重杠铃时，细菌就会趁虚而入到眼睛、鼻子和嘴里。因此，最

好少戴手套，必须戴手套时，要提前准备消毒纸巾和洗手液。

（3）超市手推车。2/3 超市手推车的把手上都有粪便细菌，甚至比普通公共浴室的都多。因此，使用前要用消毒纸巾擦拭把手。

（4）健身器械。健身中

第二章　细菌的类别与分布

心 63% 的器械都携带鼻病毒，这种病毒是导致感冒的罪魁祸首。因此，健身时应避免触摸面部。

（5）饭店菜单。菜单人人都看，因此极易传播各种病菌。在浏览菜品时不要让菜单接触餐盘，点完菜后应立即洗手。

（6）飞机上的卫生间。飞机上的卫生间从水龙头表面到门把手，到处布满了大肠杆菌和导致感冒的致病菌。因此，乘飞机时传染上感冒的几率比平时要高 100 倍。

（7）卧室的床。美国普通家庭的床中超过 84% 的存在灰尘微粒。这些微生物寄生在床单上，以人的死皮为食，其排泄物和尸体很容易引起哮喘或过敏。

（8）饮品中的柠檬片。放在餐馆玻璃杯中的柠檬片，近 70% 含有可致病性细菌。其中包括大肠杆菌和其他能引起腹泻的细菌。因此，尽量不要在餐馆的饮品中加水果。

（9）隐形眼镜盒。34% 的眼镜盒上布满了沙雷氏菌和葡萄球菌等细菌，这些微生物易引起角膜炎，可以每天用热水清洗眼镜盒。一项研究发现，隐形眼镜洗液使用 2 个月后就会失去大部分抗菌能力。因此，应该每隔一个月买一瓶新洗液，即使原来的那瓶还没有用完。

（10）浴帘。肥皂泡挂在浴帘上不只是不美观。一项研究发现，用塑料制成的浴帘更容易滋生细菌，繁殖大量病原体，例如鞘氨醇单胞菌和甲基杆菌。而淋浴喷雾的力量更会使细菌播散到其他地方。因此，最好选用毛料浴帘，也容易清洗，保证每月清洗一次。

细菌类别

细菌的种类繁多，按不同的门类区分，可分为以下类别：

◆ 产水菌门

产水菌门包括了一些在多种严酷环境条件下生存的细菌，如在热泉、硫磺池、海底热泉口等等。其中产水菌门中的一些种类可以在85℃～95℃的环境中繁衍。产水菌门属于真细菌，但却是从16SrRNA进化树中，细菌中最接近古菌和真核生物的一支，而古菌中也存在大量生活在超高温环境下的种类。目前产水菌门内部的分类尚无一致意见。

◆ 热袍菌门

热袍菌门，又译作栖热袍菌门，是一类嗜热或者超嗜热细菌，其细胞外面有一层"袍"一样的膜包裹，可以利用碳水化合物。不同的种类可适应不同的盐浓度和氧含量，重要的属如热袍菌属。

◆ 酸杆菌门

酸杆菌门是新近被分出的一门细菌，它们是嗜酸菌。现在对它们研究还很少，但它们在生态系统中具有重要作用，比如土壤中。

生态系统

第二章 细菌的类别与分布

◆脱铁杆菌门

脱铁杆菌门是一类通过专性或兼性厌氧代谢获得能量的细菌，可利用多种电子受体。

◆异常球菌-栖热菌门

异常球菌-栖热菌门，包括几个耐辐射的种，并且由于能够吃掉核污染和一些有毒物质而出名。栖热菌目包括几个耐热的属，其中水生栖热菌的耐高温DNA聚合酶被广泛应用于聚合酶链式反应。

这些细菌具有厚的细胞壁，因此染色为革兰氏阳性。但它们具有第二层细胞膜，结构上和革兰氏阴性细菌更接近。

◆蓝藻门

蓝藻门为原核生物界的一门，旧称蓝绿藻门或蓝细菌，是地球上最原始、最古老的一种植物类群。约有150属，分布极广，常见的属主要有色球藻属、微囊藻属、颤藻属、念珠藻属及鱼腥藻属等。

蓝藻

（1）蓝藻门的形态构造

蓝藻为单细胞个体、群体或细胞成串排列成藻丝的丝状体，不分枝、假分枝或真分枝。细胞外具主要由肽聚糖组成的胞壁，并往往有粘质胶鞘或胶被包裹。细胞质可分

蓝藻

为周围有色素的色质区和中部无色具核质的中心质区。细胞质中常具有大小不等的强反光颗粒。浮游蓝藻往往有伪空胞（又称气泡），为两端呈锥形的微型空筒所组成，有遮光和漂浮的功能。

念珠藻

蓝藻细胞以直接分裂方式增殖。分裂时细胞中部收缢形成隔壁，将细胞一分为二，丝状蓝藻往往断裂成短的细胞列，可以继续分裂形成新的丝状体。蓝藻也行无性生殖，形成内生孢子或外生孢子。有许多丝状蓝藻能形成厚壁孢子，贮存内含物丰富，有较强的抵抗外界不良环境的能力。厚壁孢子的细胞质可分裂产生新的藻丝。

念珠藻目和真枝藻目的许多种类中有异形胞，由营养细胞分化形成，它的呼吸作用较营养细胞强，造成异形胞内的厌氧环境，是固氮酶固氮的主要场所。

（2）蓝藻门的细胞结构

蓝藻细胞壁主要由两层组成，内层为肽聚糖层，外层为脂蛋白层，两层之间为周质空间，含有脂多糖和降解酶，胞壁外往往包有多糖构成的粘质胶鞘或胶被。胞壁内有原生质膜，膜内原生质较稠，可分为两个主要区域，即周围的有光合色

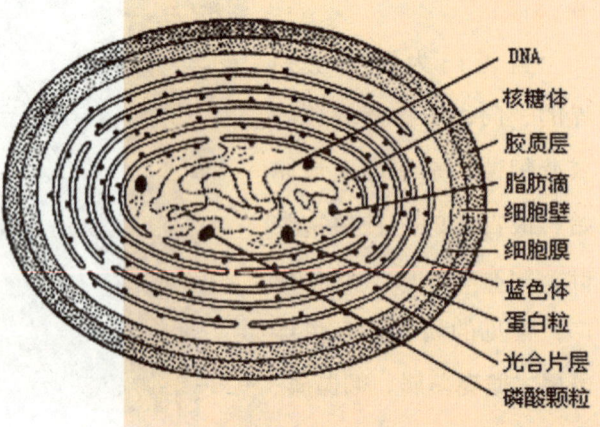

蓝藻细胞模式图

第二章 细菌的类别与分布

素的色质区和中央的无色的中心质区。中心质区有DNA微丝，但无碱性蛋白（组蛋白）。核糖体在整个细胞中均有分布，但在中央区周围较为密集。原生质中常具有大小不等的强反光颗粒，如多磷酸体，多面体（羧化酶体），蓝藻体（天门冬氨酸和精氨酸聚合体的结晶，又称结构颗粒），多聚糖体（又称蓝藻淀粉或糖原）等。浮游蓝藻往往有伪空胞

太湖蓝藻

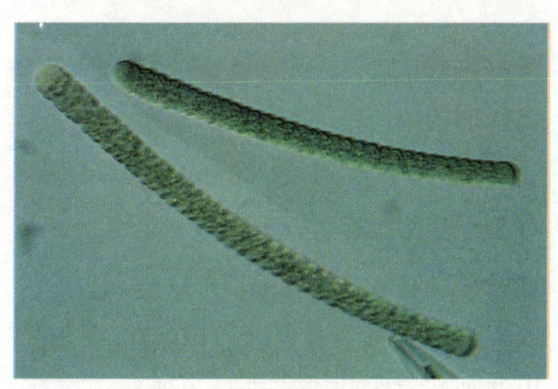

念珠藻目

（又称气泡），为两端呈锥形的具单层蛋白质膜的空管成束排列所组成，有遮强光和漂浮的功能。蓝藻的光合色素是叶绿素a、藻胆素（藻蓝素、别藻蓝素、藻红素和藻红蓝素）及多种类胡萝卜素。它能采收光能，以水作为电子来源进行光合作用，固定CO_2，放出氧气。它和其他植物一样，进行自养生活。

念珠藻目和真枝藻目的许多种类，丝状体中有异形胞，它比营养细胞稍大，是由个别营养细胞在化合氮不足的条件下分化形成的。它们不能进行光合作用固定CO_2或放氧；呼吸作用较营养细胞强，具强的还原条件，是固氮酶固氮的主要场所。

（3）蓝藻门的地理分布

蓝藻有极大的适应性，分布很

广。在淡水和海水中、潮湿和干旱的土壤和岩石上、树干和树叶以及温泉、冰雪，甚至在盐卤池、岩石缝等处都可生存，有些还可穿入钙质岩石或钙质皮壳中（如穿钙藻类）生活，具有极大的适应性。在热带、亚热带的中性或微碱性生境中生长特别旺盛。有许多种类是普生性的，如陆生的地木耳，不仅存在于热带、亚热带和温带，在寒带甚至南极洲亦有发现。

泉中生长繁殖，有的在54℃条件下还能生长固氮（如鞭枝藻），有的可抗-35℃的低温（如地木耳），有一些在过饱和盐水中也可生长。因此，蓝藻常是先锋植物。

木聚糖酶

◆ 网团菌门

网团菌门是一类细菌，只包含一个属，即网团菌属。它是极端嗜热菌，营化能有机营养，即利用有机物获得能量。这种生物可以制造木聚糖酶，将木聚糖分解成木糖。用这种酶对木质纸浆进行预处理，就能够利用较少的氯气漂白得到更白的纸。

蓝藻的抗逆性很强，能耐干旱，有些干燥标本存贮65至106年还可保持活力。中国的固氮鱼腥藻干燥保存19年后再重新培育时还能生长和固氮。有些蓝藻能在76℃温

◆ 纤维杆菌门

纤维杆菌门是一类革兰氏阴性

第二章 细菌的类别与分布

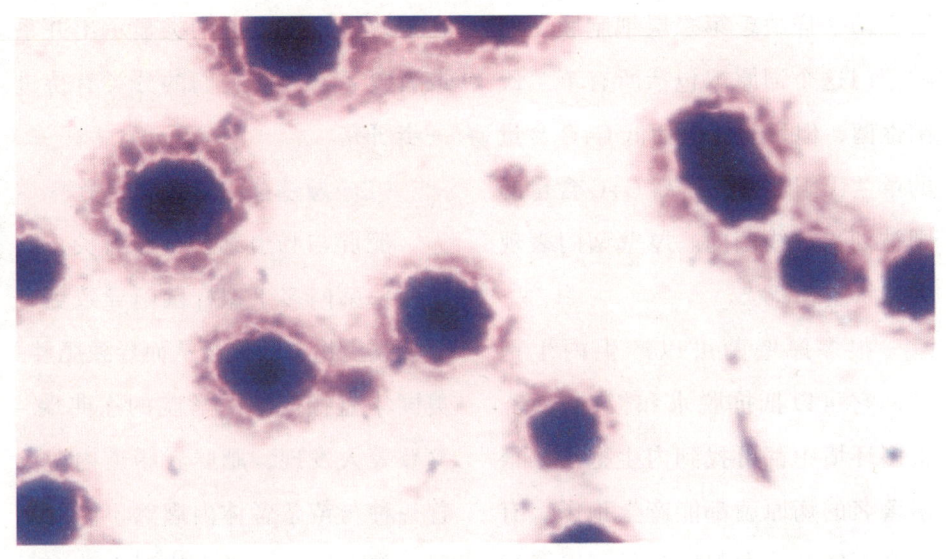

支原体

细菌，只包括纤维杆菌属一个属。纤维杆菌属生活在反刍动物的瘤胃中，在其细胞周质中有纤维素酶可以分解纤维素使动物能够吸收。

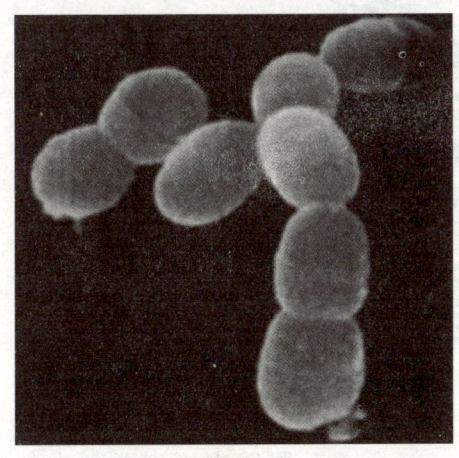

厚壁菌

◆ **厚壁菌门**

厚壁菌门细胞壁含肽聚糖量高，约50％～80％，细胞壁厚10～50纳米，革兰氏染色反应阳性，菌体有球状、杆状或不规则杆状、丝状或分枝丝状等。厚壁菌门一般无鞭毛，二分裂方式繁殖，少数可产生内生孢子（称为芽孢）或外生孢子（称分生孢子），那是化能营养型，没有光能营养的。

厚壁菌门是一大类细菌，多数为革兰氏阳性。少数如柔膜菌纲（如支原体），缺乏细胞壁而不能被革兰氏方法染色，但也和其余的革兰氏

微生物百科——细菌 075

阳性菌一样缺乏第二层细胞膜。厚壁菌门这个词原本包括所有革兰氏阳性菌，但目前仅包括低 G+C 含量的革兰氏阳性菌，而高 G+C 含量的则被划入放线菌门。厚壁菌门表现为球状或者杆状。

很多厚壁菌可以产生内生孢子，它可以抵抗脱水和极端环境。很多环境中都可找到内生孢子，很多著名的病原菌都能产生孢子。有一类厚壁菌，太阳杆菌科可以通过光合作用产生能量。

（1）厚壁菌门的分类

厚壁菌门被分为三个纲：厌氧的梭菌纲、兼性或者专性好氧的芽孢杆菌纲和没有细胞壁的柔膜菌纲。

在系统发育树上前两类显示出并系或者复系，因此它们的分类有待进一步研究。

（2）厚壁菌门对肥胖的影响

肥胖与肠道细菌分布有关，肠内厚壁菌门多于拟杆菌门导致更有效吸收食物中的热量从而导致肥胖。美国华盛顿大学医学院的杰弗瑞-戈登等人发现，肥胖者肠道内游弋着一种与苗条者体内迥然不同的细菌。前者体内的微生物群实际上是在帮助肥胖者发胖。研究人员认为，这种"肥胖细菌"从食物吸收了过多的卡路里（能量），后者被身体吸收并沉积起来成为多余的脂肪，肥胖便形成了。

每个人的肠道中都寄居着数以亿计的不同的细菌和其他小小的寄生虫。这些微生物是人体所必需的，因为它们除了帮助分解食物外，还能防御外来病原体的入侵。戈登等人收集并提取了12名肥胖志愿者粪便中的

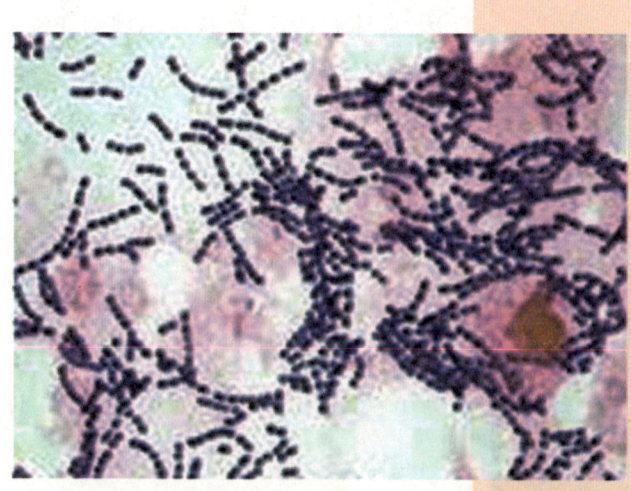

链球菌

第二章 细菌的类别与分布

细菌,并用基因遗传序列鉴定不同的细菌种类,最后与5名瘦的志愿者粪便中的细菌进行比较。这两组志愿者的细菌大多数都可归为两类细菌,一大类是厚壁菌门,包括李斯特菌、葡萄球菌、链球菌等,另一大类是拟杆菌门。对比发现,肥胖者比瘦者多出约20%的厚壁菌,同时又比瘦者少了约90%的拟杆菌,也就是说肥胖者的厚壁菌多而拟杆菌极少。然后,在一年的时间内对肥胖志愿者给予低脂肪低碳水化合物的食物,结果他们体重最多减少了约25%。在这段时间,肥胖者体内的厚壁菌比例有了下降,而拟杆菌的比例则上升了。当然,这两类细菌的比例水平尚未达到瘦者体内两种细菌的比例。这个结果说明,人体体重的调节与肠道内的细菌有关,而肥胖可能搅乱了正常的细菌平衡。在小鼠身上做的实验进一步证明,如果改变细菌类型就能够影响体重,比如减少厚壁菌的数量,增加拟杆菌的数量,可能会让人减肥。当然,也有专业人员认为,细菌类别与肥胖有关闻所未闻。因为有大量内容并没有证实,而且也不清楚畅道细菌是否真的催人肥胖,而其他因素是否就不重要。同时,如果真是"肥胖细菌"造成的肥胖,那么瘦人与肥胖者一起吃饭是否会被传染"肥胖细菌"而发胖?这也是一个有待解决的问题。但戈登坚持认为,能够比较清楚地证实肠道菌所产生的化合物影响脂肪的沉积,而且还可能利用肠道菌作为治疗肥胖的一种新方法。但是这种方法目前还不明了,因为不清楚是否可以把厚壁菌去除或减少,并增加拟杆菌就可以减肥。而且,这种增减肠道内细菌的做法是否会引起肠道中菌群平衡的失调也是一个未知数。

葡萄球菌

◆ 热微菌门

热微菌门是一类绿非硫细菌，正如名字所说，这是一类嗜热菌。一些学者认为热微菌不构成单独的一个门，而应该并入另一类绿非硫细菌——绿弯菌门。

◆ 热袍菌门

热袍菌门，又译作栖热袍菌门，是一类嗜热或者超嗜热细菌，其细胞外面有一层"袍"一样的膜包裹，可以利用碳水化合物。不同的种类可适应不同的盐浓度和氧含量，重要的属如热袍菌属。

共　生

◆ 疣微菌门

疣微菌门是一门被划出不久的细菌，包括少数几个被识别的种类，主要被发现于水生和土壤环境或者人类粪便中。还有很多未被成功培养的种类是和真核宿主共生的，包括一些原生生物的外共生菌和线虫动物配子中的内共生菌。

疣微菌门生物中的疣微菌属和突柄杆菌属具有胞质突出形成的两个到多个突起，因此得名。它

土　壤

们通过二分分裂繁殖,最近的类群可能是衣原体门。

◆ 梭杆菌门

梭杆菌门是一个小类群的革兰氏阴性细菌。其中梭杆菌属常见于消化道,是口腔菌群之一,也可导致一些疾病。

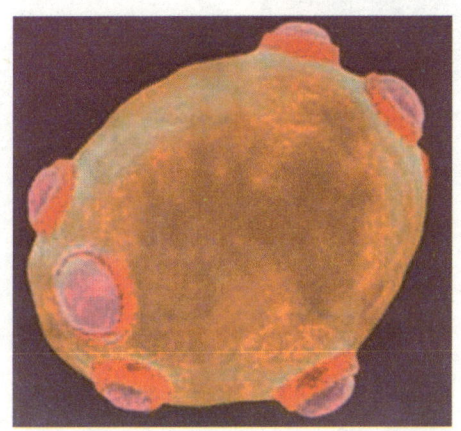

出　芽

◆ 芽单胞菌门

芽单胞菌门目前仅有一属得到正式命名,即芽单胞菌属,是一类革兰氏阴性细菌,通过出芽方式繁殖。

◆ 硝化螺旋菌门

硝化螺旋菌门是一类革兰氏阴性细菌。其中的硝化螺旋菌属作为硝化细菌,可将亚硝酸盐氧化成硝酸盐。

硝化菌对水生植物非常重要,在水体中,如果缺少硝化菌,氨氮、硝酸盐、亚硝酸盐循环体系被中断,将导致水生环境破坏和鱼类的死亡。而硝化螺旋菌门是存在于污水处理厂和实验室反应器中主要的亚硝酸氧化菌。

◆ 拟杆菌门

拟杆菌门包括三大类细菌,即拟杆菌纲、黄杆菌纲、鞘脂杆菌纲。它们的相似性体现在核糖体

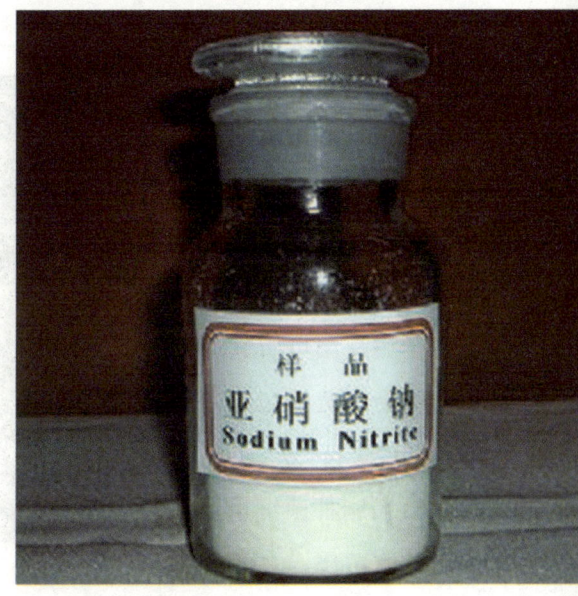

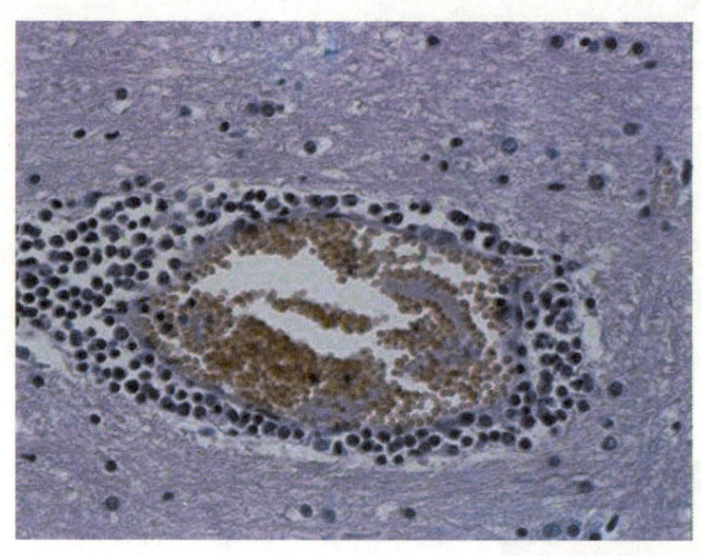

脑膜炎

16SRNA。

很多拟杆菌纲的种类生活在人或者动物的肠道中，有些时候成为病原菌。在粪便中，以细胞数目计，拟杆菌属是主要的微生物种类。

黄杆菌纲主要存在于水生环境中，也会在食物中存在。多数黄杆菌纲细菌对人无害，但脑膜脓毒性金黄杆菌可引起新生儿脑膜炎。黄杆菌纲还有一些嗜冷类群。

鞘脂杆菌纲重要类群为噬胞菌属，在海洋细菌中占有较大比例，可以降解纤维素。

◆ 衣原体门

衣原体门是一门细菌。它们的生长完全在其他生物的细胞内进行，是专性寄生菌。衣原体原先多被归入衣原体属，随着分子生物学发展，目前根据系统发育树分为四个科。

衣原体是一种即不同于细菌也不同于病毒的一种微生物。衣原体

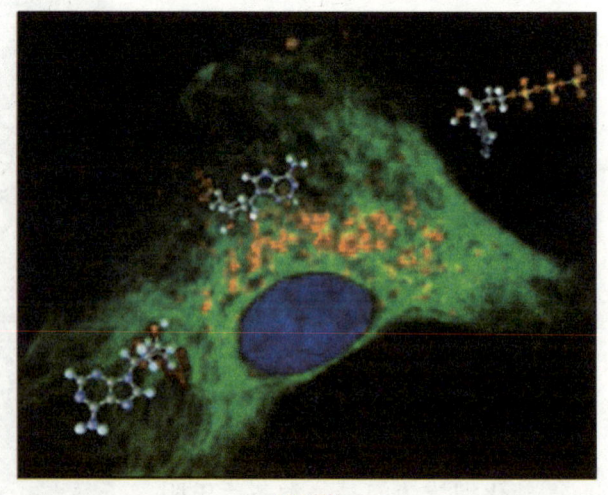

ATP酶

第二章 细菌的类别与分布

与细菌的主要区别是其缺乏合成生物能量来源的 ATP 酶，也就是说衣原体自己不能合成生物能量物质 ATP，其能量完全依赖被感染的宿主细胞提供。而衣原体与病毒的主要区别在于其具有 DNA、RNA 两种核酸、核糖体和一个近似细胞壁的膜，并以二分裂方式进行增殖，能被抗生素抑制。

已知的与人类疾病有关的衣原体有三种，分别是鹦鹉热衣原体、沙眼衣原体和肺炎衣原体，这三种衣原体均可引起肺部感染。鹦鹉热衣原体可通过感染有该种衣原体的禽类，如鹦鹉、孔雀、鸡、鸭、鸽等的组织、血液和粪便，以接触和吸入的方式感染给人类。沙眼衣原体和肺炎衣原体主要在人类之间以呼吸道飞沫、母婴接触和性接触等方式传播。

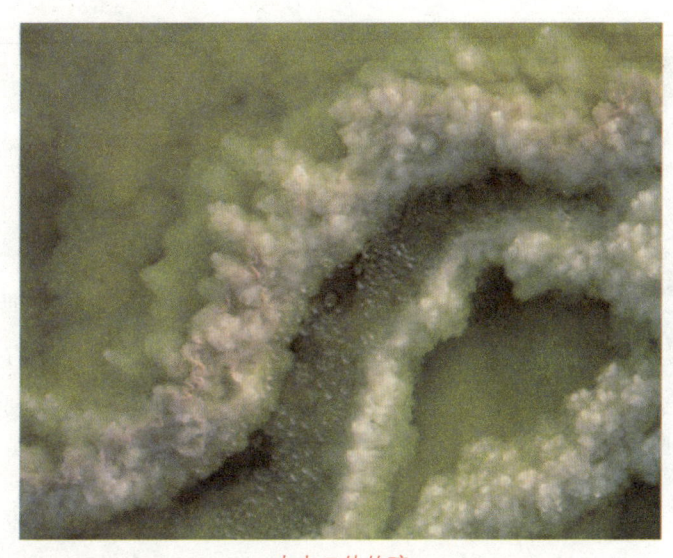

火山口处的硫

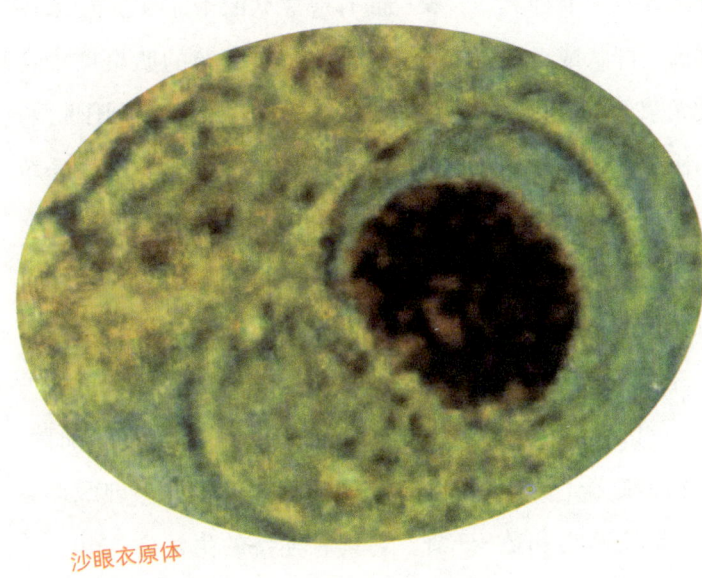

沙眼衣原体

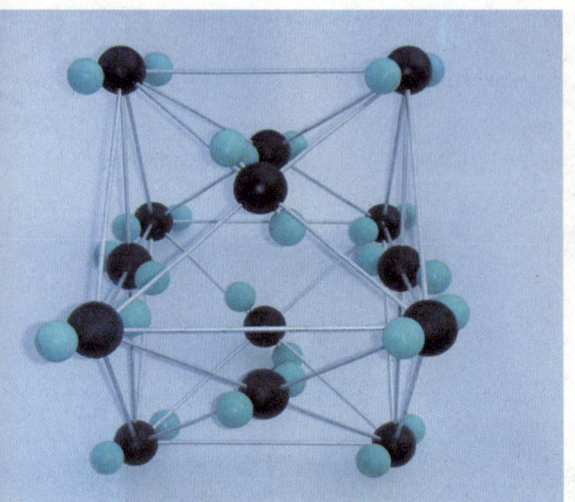

二氧化碳分子模型

◆ 绿菌门

绿菌门是一类进行不产氧光合作用的细菌。这类细菌没有已知的近亲，最近的类群为拟杆菌门。

绿菌门通常不活动（一个种具有鞭毛），形状为球状、杆状或者螺旋状，其生存要求无氧环境和光。它们的光合作用利用一种称作绿体的微囊中附在膜上的菌绿素 c、d 和 e 吸收光能。它们利用硫化物作为电子供体，产生单质硫沉积在胞外，这些硫可被进一步氧化生成硫酸盐。由于绿菌门细菌的颜色因菌绿素多显绿色，又被称为绿硫细菌（相应于绿硫细菌，植物、真核藻类和蓝藻的光合作用利用水为电子受体，而被氧化为氧气）。

◆ 绿弯菌门

绿弯菌门是一类通过光合作用产生能量的细菌，又称作绿非硫细菌，尽管还有一部分称作热微菌的细菌也属于绿非硫细菌。它们具有绿色的色素，包括作为反应中心的菌绿素 a 和作为天线分子的菌绿素 c，通常位于称作绿体的微囊中。

典型的绿弯菌门细菌是线形的，通过滑行来移动。它们是兼性厌氧生物，在光合作用中不产生氧气，不能固氮。利用 3-羟基丙酸途径，而不是常见的卡尔文途径来固定二氧化碳。细胞壁的肽聚糖中含有 D-鸟氨酸，类似于革兰氏阳性菌，但革兰氏染色结果仍为阴性。系统发生树显示绿弯菌门和其他的光合细菌具有不同的起源。

◆ 产金菌门

产金菌门是一支独特的细菌，目前只发现了一个种，即砷酸产金菌。它具有独特的生活方式和生化

第二章 细菌的类别与分布

过程，经营化能无机自养，利用对绝大多数生物剧毒的砷作为其营养。砷酸产金菌利用亚砷酸盐作为电子供体，将其氧化成砷酸盐。

砷酸产金菌可以在富含亚砷酸盐的地方被发现，比如被砷污染的湖底或者含砷的金矿中。

◆ 放线菌门

放线菌门是原核生物中的一个类群，是一类革兰氏阳性细菌，曾经由于其形态被认为是介于细菌和霉菌之间的物种，因其菌落呈放射状而得名。大多有基内菌丝和气生菌丝，少数无气生菌丝，多数产生分生孢子，有些形成孢囊和孢囊孢子，依靠孢子繁殖。表面上和属于真核生物的真菌类似，从前被分类为"放线菌目"。但因为放线菌没有核膜，且细胞壁由肽聚糖组成，和其他细菌一样。目前通过分子生物学方法，放线菌的地位被肯定为广义细菌的一个大分支。放线菌用革兰氏染色可染成紫色（阳性），和另一类革兰氏阳性菌——厚壁菌门相比，放线菌的GC含量较高。

放线菌大部分是腐生菌，普遍分布于土壤中。一般都是好气性，有少数是和某些植物共生的，也有是寄生菌，可致病，寄生菌一般是厌气菌。放线菌有一种土霉味，使水和食物变味，有的放线菌也能和霉菌一样使棉毛制品或纸张霉变。

放线菌在培养基中形成的菌落比较牢固，长出孢子后，菌落有各种颜色的粉状外表，和细菌的菌落不同，但不能扩散性的向外生长，和霉菌的也不同。放线菌有菌丝，菌丝直径有1微米，和细菌的宽度相似，但菌丝内没有横隔，和霉菌又不同。

放线菌主要能促使土壤中的动物和植物遗骸腐烂，最主要的致病放线菌是结核分枝杆菌和麻风分枝杆菌，可导致人类

放线菌门

的结核病和麻风病。

放线菌最重要的作用是可以产生、提炼抗菌素。目前世界上已经发现的2000多中抗菌素中，大约有56%是由放线菌（主要是放线菌属）产生的，如链霉素、土霉素、四环素、庆大霉素等都是由放线菌产生的。此外有些植物用的农用抗菌素和维生素等也是由放线菌中提炼的。

◆ 浮霉菌门

浮霉菌门是一小门水生细菌，在海水、半咸水、淡水中都可被发现。其中浮霉菌属和小梨形菌属等都是专性好氧菌，它们通过出芽法繁殖。形态上，它们通常是卵形，不用来繁殖的一端有柄，可以用来附着。它们的生活史分为固着细胞和有鞭毛的游动细胞，类似α-变形菌纲的柄杆菌属。浮霉菌门的细胞壁中含有糖蛋白而不含胞壁质，因此它们可以通过青霉素等破坏细胞壁的抗生素来选择性富集。最为奇特的一点是，浮霉菌门细胞具有复杂的胞内膜结构，甚至有些属（如出芽菌属）的染色质被膜包围且紧缩，类

糖蛋白

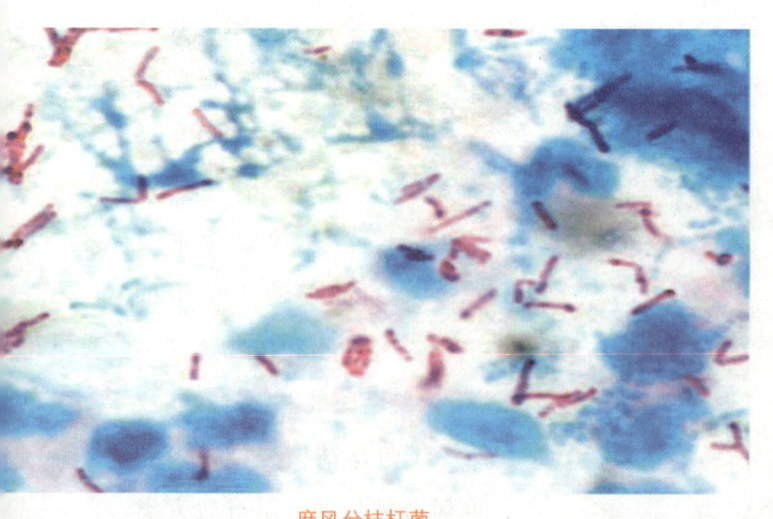

麻风分枝杆菌

第二章 细菌的类别与分布

似真核生物的细胞核,这在原核生物中是仅有的。

◆ 变形菌门

变形菌门是细菌中最大的一门,包括很多病原菌,如大肠杆菌、沙门氏菌、弧菌、螺杆菌等著名的种类。也有自由生活的种类,包括很多可以进行固氮的细菌。变形菌门主要是由核糖体 RNA 序列定义的,名称取自希腊神话中能够变形的神 Proteus(这同时也是变形菌门中变形杆菌属的名字),因为该门细菌的形状具有极为多样的形状。

(1)变形菌门的特征

所有的变形菌门细菌为革兰氏阴性菌,其外膜主要由脂多糖组成。

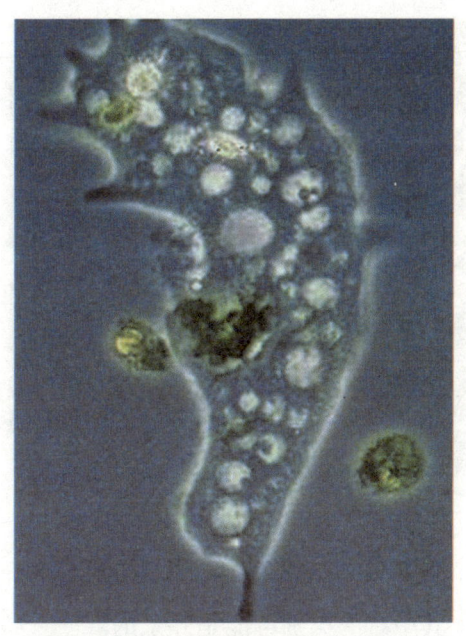

变形杆菌

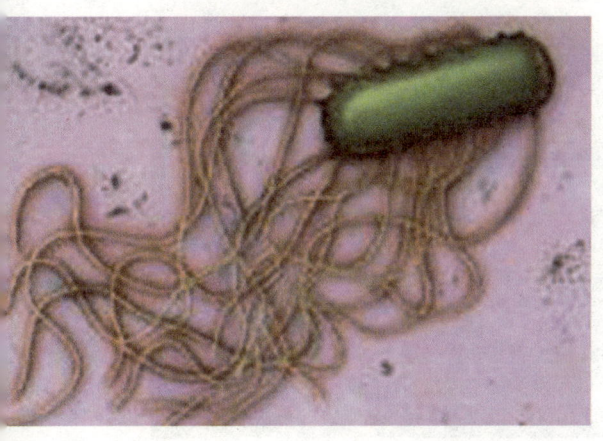

沙门氏菌

很多种类利用鞭毛运动,但有一些非运动性的种类,或者依靠滑行来运动。此外还有一类独特的黏细菌,可以聚集形成多细胞的子实体。变形菌门包含多种代谢种类。大多数细菌是营兼性或者专性厌氧及异养生活,但有很多例外。很多并非紧密相关的属可以利用光合作用储存能量,因其多数具有紫红色的色素,被称为紫细菌。

(2)变形菌门的种类

变形菌门根据 rRNA 序列被分为五类(通常作为五个纲),用希

微生物百科——细菌 085

伯克氏菌

腊字母 α、β、γ、δ 和 ε 命名，其中有的类别可能是并系的。

α-变形菌除包括光合的种类外，还有代谢 C1 化合物的种类、植物共生的细菌（如根瘤菌属）、动物共生的细菌和一类危险的致病菌立克次体目。此外真核生物的线粒体的前身也很可能属于这一类（参见内共生学说）。

β-变形菌包括很多好氧或兼性细菌，通常其降解能力可变，但也有一些无机化能种类（如可以氧化氨的亚硝化单胞菌属）和光合种类（红环菌属和红长命菌属）。很多种类可以在环境样品中发现，如废水或土壤中。该纲的致病菌有奈氏球菌目的中一些细菌（可导致淋病和脑膜炎）和伯克氏菌属。在海洋中很少能发现 β-变形菌。

γ-变形菌包括一些医学上和科学研究中很重要的类群，如肠杆菌科、弧菌科和假单胞菌科。很多重要的病原菌属于这个纲，如沙门氏菌属（肠炎和伤寒）、耶尔辛氏菌属（鼠疫）、弧菌属（霍乱）、铜绿假单胞菌（就医时引发的肺部感染或者囊性纤维化）。重要的模式生物大肠杆菌也属于此纲。

δ-变形菌包括基本好氧的形

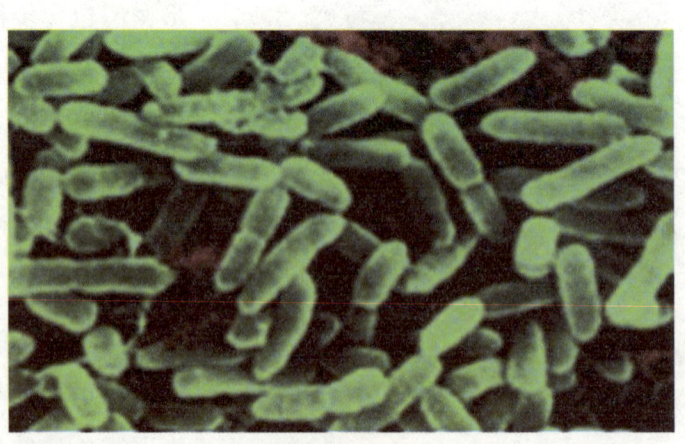

铜绿假单胞菌

第二章 细菌的类别与分布

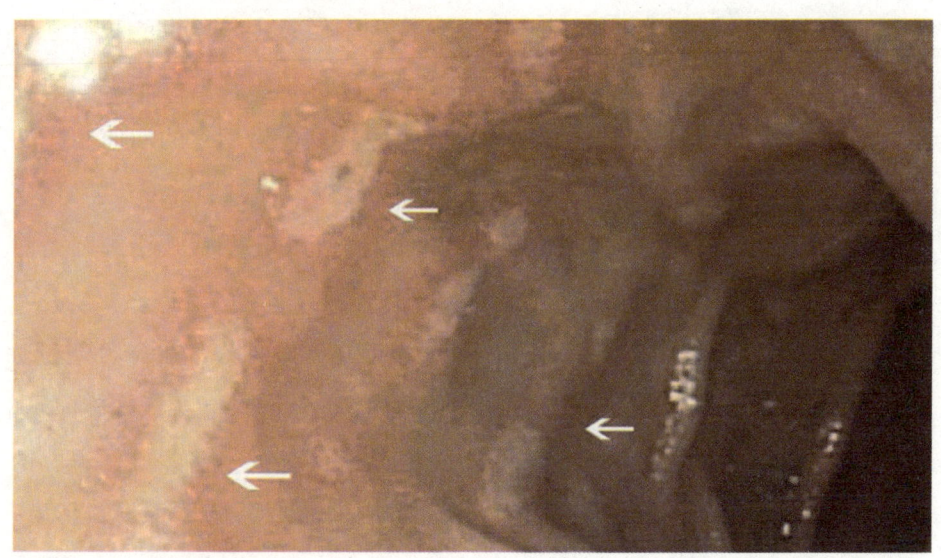

十二指肠溃疡

成子实体的黏细菌和严格厌氧的一些种类，如硫酸盐还原菌（脱硫弧菌属、脱硫菌属、脱硫球菌属、脱硫线菌属等）和硫还原菌（如除硫单胞菌属），以及具有其他生理特征的厌氧细菌，如还原三价铁的地杆菌属和共生的暗杆菌属和互营菌属。

ε - 变形菌只有少数几个属，多数是弯曲或螺旋形的细菌，如沃林氏菌属、螺杆菌属和弯曲菌属。它们都生活在动物或人的消化道中，为共生菌（沃林氏菌在牛中）或致病菌（螺杆菌在胃中或弯曲菌在十二指肠中）。

◆ **螺旋体门**

螺旋体门是一类很有特点的细

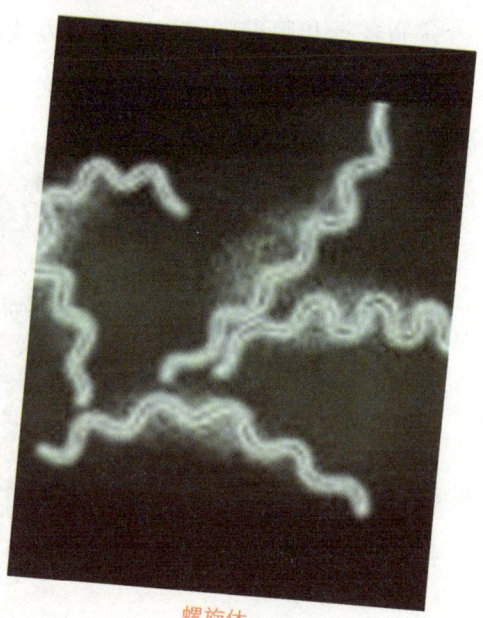

螺旋体

微生物百科——细菌 087

菌，具有长的螺旋形盘绕的细胞。它们独具细胞全长、在细胞膜和细胞壁之间的鞭毛，称为"轴丝"。

螺旋体可以通过轴丝产生的扭转运动前后移动。多数螺旋体营厌氧自由生活，但有很多例外。在生物学上的位置介于细菌与原虫之间。

林恩·马古利斯经认为真核细胞的鞭毛来自共生的螺旋体，但同意这一观点的生物学家不多，因为二者结构上没有太多相似之处。

在生物学上，螺旋体介于细菌与原虫之间。它与细菌的相似之处是：具有与细菌相似的细胞壁，内含脂多糖和胞壁酸，以二分裂方式繁殖，无定型核（属原核型细胞），对抗生素敏感。与原虫的相似之处有：体态柔软，胞壁与胞膜之间绕有弹性轴丝，借助它的屈曲和收缩能活泼运动，易被胆汁或胆盐溶解。在分类学上由于更接近于细菌而归属在细菌的范畴。

螺旋体广泛分布在自然界和动物体内，分5个属：包柔氏螺旋体属，又名疏螺旋体属、密螺旋体属、钩端螺旋体属、脊螺旋体属、螺旋体属。前三属中有引起人患回归热、梅毒、钩端螺旋体病的致病菌，后二属不致病。

（1）螺旋体种类介绍

回归热螺旋体：回归热螺旋体引起回归热，以节肢动物为媒介而传播。回归热是一种以周期性反复发作为特征的急性传染病。该螺旋体为疏螺旋体属，引起人类疾病的有两种。一为回归热螺旋体，以虱为传播媒介，引起流行性回归热，国内流行主要是该种回归热。二是杜通氏螺旋体，以蜱为传播媒介，引

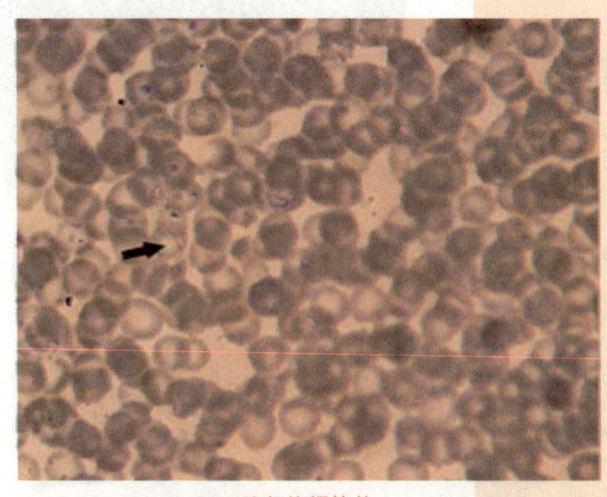

回归热螺旋体

第二章 细菌的类别与分布

起地方性回归热，国内少见。

奋森氏螺旋体：奋森氏螺旋体属于疏螺旋体，寄居在人类口腔中，一般不致病，当机体抵抗力降低时，常与寄居在口腔的梭杆菌协同引起奋森氏咽峡炎、齿龈炎等。

Lyme病螺旋体：Lyme病螺旋体是疏螺旋体的一种，引起以红斑性丘疹为主的皮肤病变，是以蜱为传播媒介，以野生动物为储存宿主的自然疫源性疾病。该螺旋体是20世纪70年代分离出的新种，属于疏螺旋体中最长（20～30微米）和最细（0.2～0.3微米）的一种螺旋体。

（2）螺旋体类疾病介绍

端螺旋体病是一种由端螺旋体属细菌引起的疾病，可感染人类和动物。这种细菌在全世界广泛存在，尤其是在降雨量多的热带国家。它可在淡水、潮湿的土壤、植物和淤泥存活很久。大雨后的洪水有助将细菌在周围环境传播。

端螺旋体病对户外工作或需接触动物的人士构成职业病风险，对游玩人士亦会造成威胁，包括露营、在受污染的湖和河流进行水上运动，例如游泳、涉水和乘筏子的旅客。

人类会经由受感染动物（尤其是啮齿目动物）尿液污染的水、食

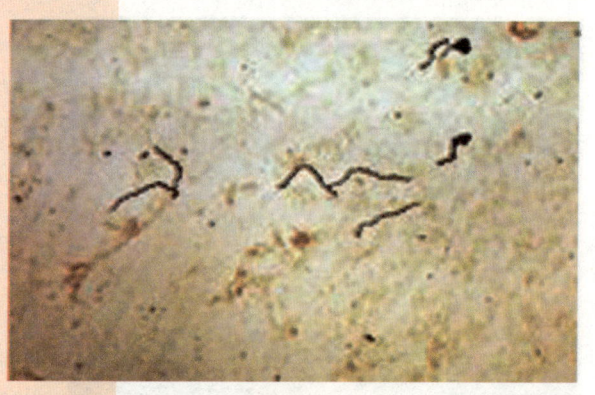

梅毒螺旋体

物或泥土而受到传染，例如食用受污染的食物、饮用受污染的水、黏膜表面（譬如眼睛或鼻子）或有伤口的皮肤接触到污染物。端螺旋体病是不会在人与人之间传播。

旅客有可能在热带国家进行户外运动时受到感染。采取以下措施可减少患端螺旋体病风险：避免接触可能受感染动物（尤其是啮齿目动物）尿液污染的淡水、淤泥和植物。当进行可能接触受污染水源的消遣活动或工作时，应穿上保护衣物，譬如防水靴子。

细菌在人体的分布

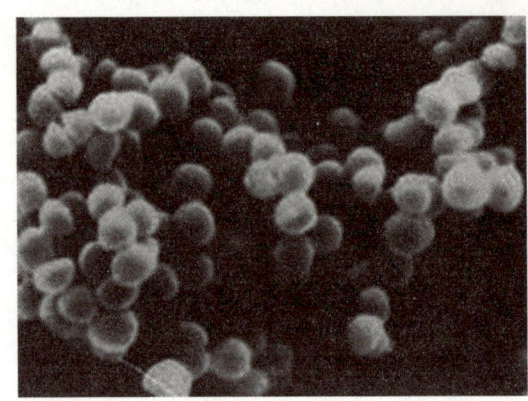

表皮葡萄球菌

皮肤上的细菌：与个人卫生及环境情况而有所差异。最常见的是革兰氏阳性球病，其中以表皮葡萄球菌为多见，有时亦有金黄色葡萄球菌。当皮肤受损伤时，可引起化脓性感染，如疖、痈。在外阴部与肛门部位，可找到非致病性抗酸性耻垢杆菌。

口腔中的细菌：口腔温度适宜，含有食物残渣，是微生物生长的良好条件。口腔中的微生物有各种球菌、乳酸杆菌、梭形菌、螺旋体和真菌等。

胃肠道的细菌：若胃功能障碍，如胃酸分泌降低，尤其是胃癌时，往

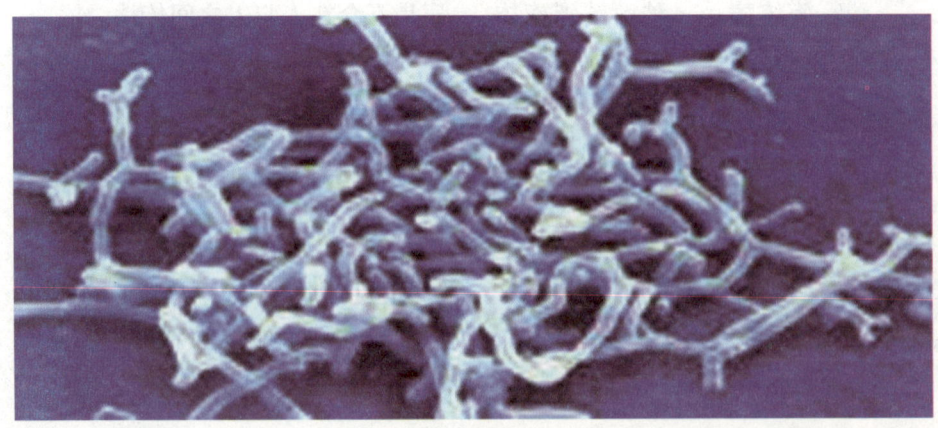

双歧杆菌

第二章 细菌的类别与分布

往出现八叠球菌、乳酸杆菌、芽胞杆菌等。成年人的空肠和回肠上部的细菌很少,甚至无菌,肠道下段细菌逐渐增多。大肠积存有食物残渣,又有合适酸碱度,适于细菌繁殖,菌量占粪便的1/3。大肠中微生物的种类繁多,主要有大肠杆菌、脆弱类杆菌、双歧杆菌、厌氧性球菌等,其他还有乳酸杆菌、葡萄球菌、绿脓杆菌、变形杆菌、真菌等。

呼吸道的细菌:鼻腔和咽部经常存在葡萄球菌、类白喉杆菌等。在咽喉及扁桃体粘膜上,主要是甲型链球菌和卡他球菌占优势,此外还经常存在着潜在致病性微生物如肺炎球菌、流感杆菌、乙型链球菌等。正常人支气管和肺泡是无菌的。

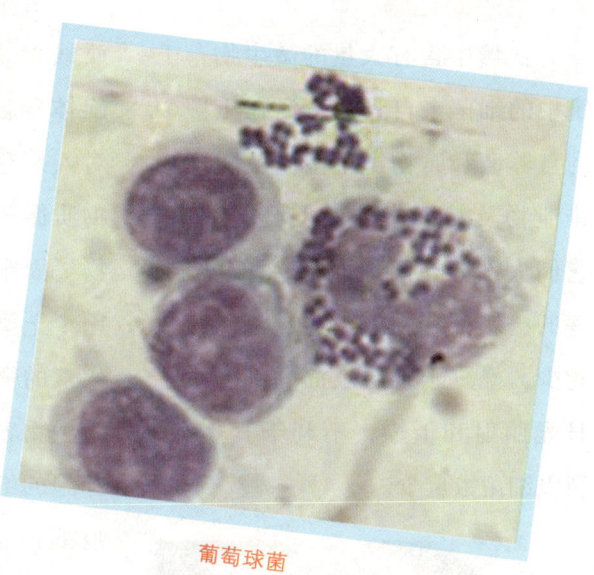
葡萄球菌

泌尿生殖道的细菌:正常情况下,仅在泌尿道外部有细菌存在,如男性生殖器有耻垢杆菌,尿道口有葡萄球菌和革兰氏阴性球菌及杆菌。女性尿道外部与外阴部菌群相仿,除耻垢杆菌外,还有葡萄球菌、类白喉杆菌和大肠杆菌等。阴道内的细菌随着内分泌的变化而异。从月经初潮至绝经前一般多见的为阴道杆菌(乳酸杆菌类),而月经初潮前女孩及绝经期后妇女,阴道内主要细菌有葡萄球菌、类白喉杆菌、大肠杆菌等。

机体的多数组织器官是无菌的,若有侵入的细菌未被消灭,则可引起传染。因而在医疗实践中,当手术、注射、穿刺、导尿时,应严格执行无菌操作,以防细菌感染。

细菌在自然界的分布情况

◆土壤中的细菌

土壤中含有大量的微生物，土壤中的细菌来自天然生活在土壤中的自养菌和腐物寄生菌以及随动物排泄物及其尸体进入土壤的细菌。它们大部分在离地面10～20厘米深的土壤处存在。土层越深，菌数越少，暴露于土层表面的细菌由于日光照射和干燥，不利于其生存，所以细菌数量少。

土壤中的微生物以细菌为主，放线菌次之，另外还有真菌、螺旋体等。土壤中微生物绝大多数对人是有益的，它们参与大自然的物质循环，分解动物的尸体和排泄物；固定大气中的氮，供给植物利用；土壤中可分离出许多能产生抗生素的微生物。进入土壤中的病原微生物容易死亡，但是一些能形成芽胞的细菌如破伤风杆菌、气性坏疽病原菌、肉毒杆菌、炭疽杆菌等可在土壤中存活多年。因此土壤与创伤及战伤的厌氧性感染有很大关系。

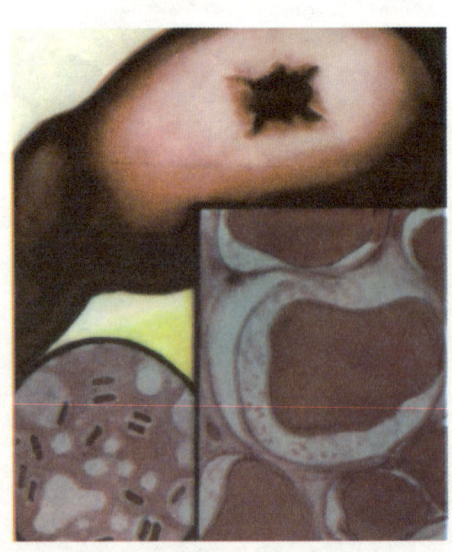

气性坏疽

◆水中的细菌

水也是微生物存在的天然环境，水中的细菌来自土壤、尘埃、污水、人畜排泄物及垃圾等。水中微生物种类及数量因水源不同而异。一般地面水比地下水含菌数量多，

第二章 细菌的类别与分布

并易被病原菌污染。在自然界中,水源虽不断受到污染,但也经常地进行着自净作用。日光及紫外线可使表面水中的细菌死亡,水中原生生物可以吞噬细菌,藻类和噬菌体能抑制一些细菌生长;另外水中的微生物常随一些颗粒下沉于水底污泥中,使水中的细菌大为减少。

水中的病菌如伤寒杆菌、痢疾杆菌、霍乱弧菌、钩端螺旋体等主要来自人和动物的粪便及污染物。因此,粪便管理在控制和消灭消化道传染病有重要意义。但直接检查水中的病原菌是比较困难的,常用测定细菌总数和大肠杆菌菌群数,

痢疾杆菌

来判断水的污染程度。目前我国规定生活饮用水的标准为1毫升水中细菌总数不超过100个;每1升水中大肠菌群数不超过3个。超过此数,表示水源可能受粪便等污染严重,水中可能有病原菌存在。

◆空气中的细菌

空气中的微生物分布的种类和数量因环境不同有所差别。空气中的微生物来源于人畜呼吸道的飞沫及地面飘扬起来的尘埃。由于空

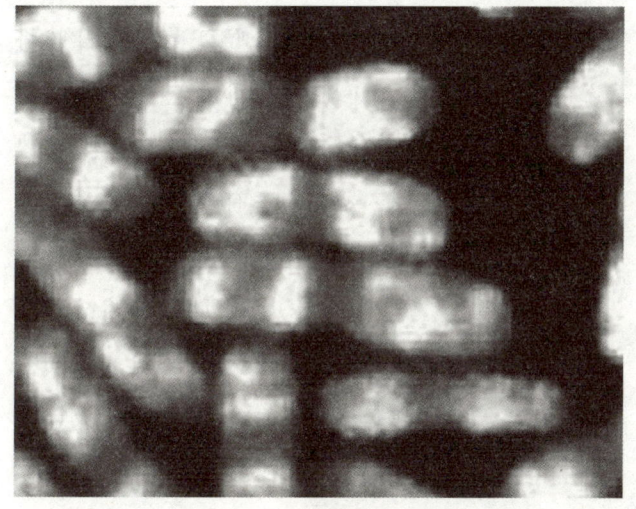

伤寒杆菌

气中缺乏营养物及适当的温度，细菌不能繁殖，且常因阳光照射和干燥作用而被消灭。只有抵抗力较强的细菌和真菌或细菌芽胞才能存留较长时间。室外空气中常见产芽胞杆菌、产色素细菌及真菌孢子等；室内空气中的微生物比室外多，尤其是人口密集的公共场所、医院病房、门诊等处，容易受到带菌者和病人污染。如飞沫、皮屑、痰液、脓汗和粪便等携带大量的微生物，可严重污染空气。某些医疗操作也会造成空气污染，如高速牙钻修补或超声波清洁

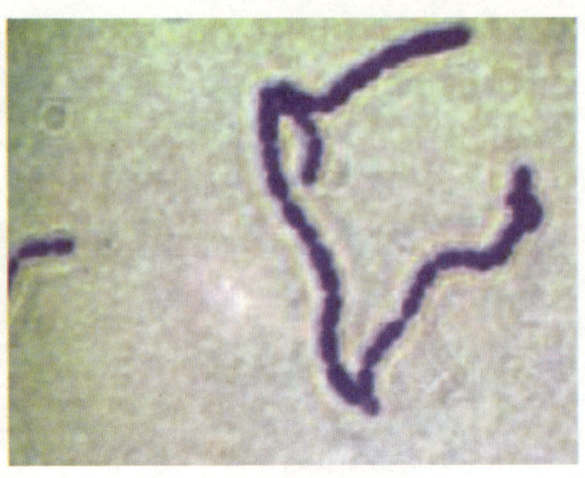
溶血性链球菌

牙石时，可产生微生物气溶胶；穿衣、铺床时使织物表面微生物飞扬到空气中，清扫及人员走动尘土飞扬也是医院空气中微生物的来源。室内空气中常见的病原菌有脑膜炎奈瑟氏菌、结核杆菌、溶血性球菌、白喉杆菌、百日咳杆菌等。空气中微生物污染程度与医院感染率有一定的关系。空气细菌卫生检查有时用甲型溶血性链球菌作为指示菌，表明空气受到人上呼吸道分泌物中微生物的污染程度。

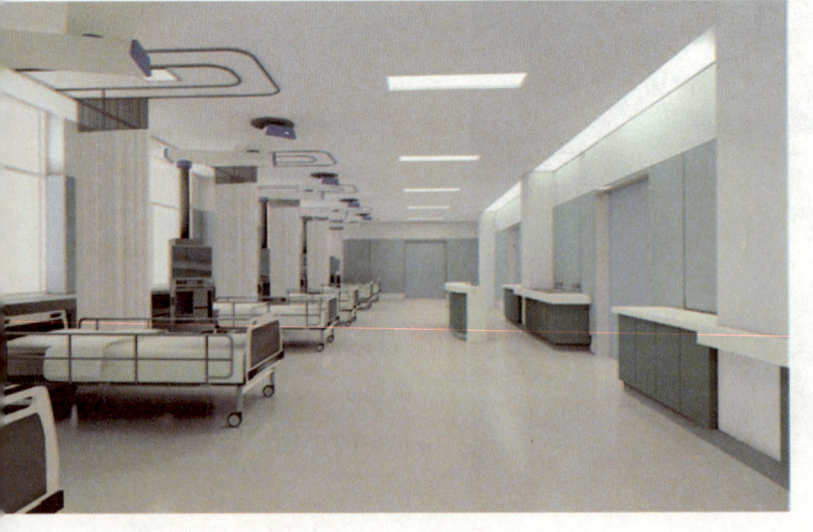

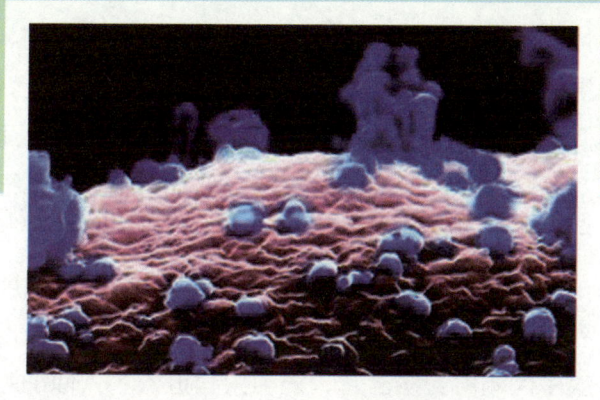

第三章 病毒与细菌

>>>

细菌是微生物，而病毒是DNA（脱氧核糖核酸），与蛋白质一样，是由氨基酸合成的。病毒是一种非细胞形态的微生物，它体积小，小到高倍数的光学显微镜也看不到，只能用电子显微镜才能观察到。它无细胞器，由基因组核酸和蛋白质外壳组成。基因组仅含一种类型的核酸，或者是核糖核酸（RNA）或者是脱氧核糖核酸（DNA）。

　　在感染后的生存方式上，细菌与病毒有很大的区别。细菌是单细胞生物，在人体内合适的条件下，如各种粘膜上就可能自我繁殖使人致病，只要改变细菌的繁殖条件就可能杀死细菌把病治好。而病毒则是非细胞微生物，缺乏完整的酶系统，不能独立进行代谢活动，因而不能像细菌一样进行自我繁殖。病毒感染后，先进入人体血液内，形成病毒血症。随后只能严格地寄生在人体靶细胞内，利用细胞的生物合成机器进行自身的复制并释放子代病毒。换言之，病毒只有进入了人体细胞内才能生存和复制，此时只要能识别病毒并能区分哪是被感染细胞哪是健康细胞，把病毒和被感染细胞杀死就能把病治好。可惜的是，到目前为止，现有的合成药物和治疗方法还不具备这种识别和区分功能，又不可能把人体所有细胞都杀死。而具备这种特异性识别功能的只有人体自身的免疫细胞和免疫球蛋白。如果感染者此时的免疫力低下，特异性抗体不足以清除病毒，病毒性疾病难治就是不言而喻的了。而且乙型肝炎病毒进入肝细胞后，它还可改变肝细胞膜的性质，使体内的免疫系统发生紊乱，误把自身的肝细胞当做"敌人"来破坏，而造成肝细胞损伤。即使你用抗病毒药物杀死了病毒，但自身的免疫功能仍会继续对肝细胞发生攻击。因此乙型肝炎比较难治愈，除抗病毒治疗外，还需进行免疫调节治疗。

病毒的基本信息

病毒是由一个核酸分子（DNA或RNA）与蛋白质构成的非细胞形态的营寄生生活的生命体，是一类不具细胞结构，具有遗传、复制等生命特征的微生物。

病毒是颗粒很小、以纳米为测量单位、结构简单、寄生性严格，以复制进行繁殖的一类非细胞型微生物。病毒也是比细菌还小、没有细胞结构、只能在活细胞中增殖的微生物，由蛋白质和核酸组成，多数要用电子显微镜才能观察到。

病毒同所有生物一样，具有遗传、变异、进化的能力，是一种体积非常微小，结构极其简单的生命形式。病毒有高度的寄生性，完全依赖宿主细胞的能量和代谢系统，获取生命活动所需的物质和能量。离开宿主细胞，它只是一个大化学分子。病毒停止活动，可制成蛋白质结晶，为一个非生命体。遇到宿主细胞它会通过吸附、进入、复制、装配、释放子代病毒而显示典型的生命体特征，所以病毒是介于生物与非生物的一种原始的生命体。

病毒是一种具有细胞感染性的亚显微粒子，可以利用宿主的细胞系统进行自我复制，但无法独立生长和复制。病毒可以感染所有的具有细胞的生命体。第一个已知的病毒是烟草花叶病毒，由马丁乌斯·贝杰林克于1899年发现并命名，如今已有超过5000种类型的病毒得到鉴定。研究病毒的科学被称为病毒学，是微生物学的一个分支。

知识百花园

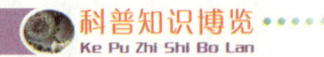

如何为细菌和病毒毒起名字

细菌的名字往往与它们的形状有关，如球菌、杆菌、弧菌、梭菌、螺旋菌和分枝杆菌等。有的细菌总是不愿意单独生活，而要与同伴组合成一定的队形來共同生活，所以就有了双球菌、连球菌和葡萄球菌等名字。不过它们的全称还要在其前面加上其所致疾病的名称才算完整，如炭疽杆菌、肺炎双球菌、结核分枝杆菌、肉毒梭菌和甲流病毒等。

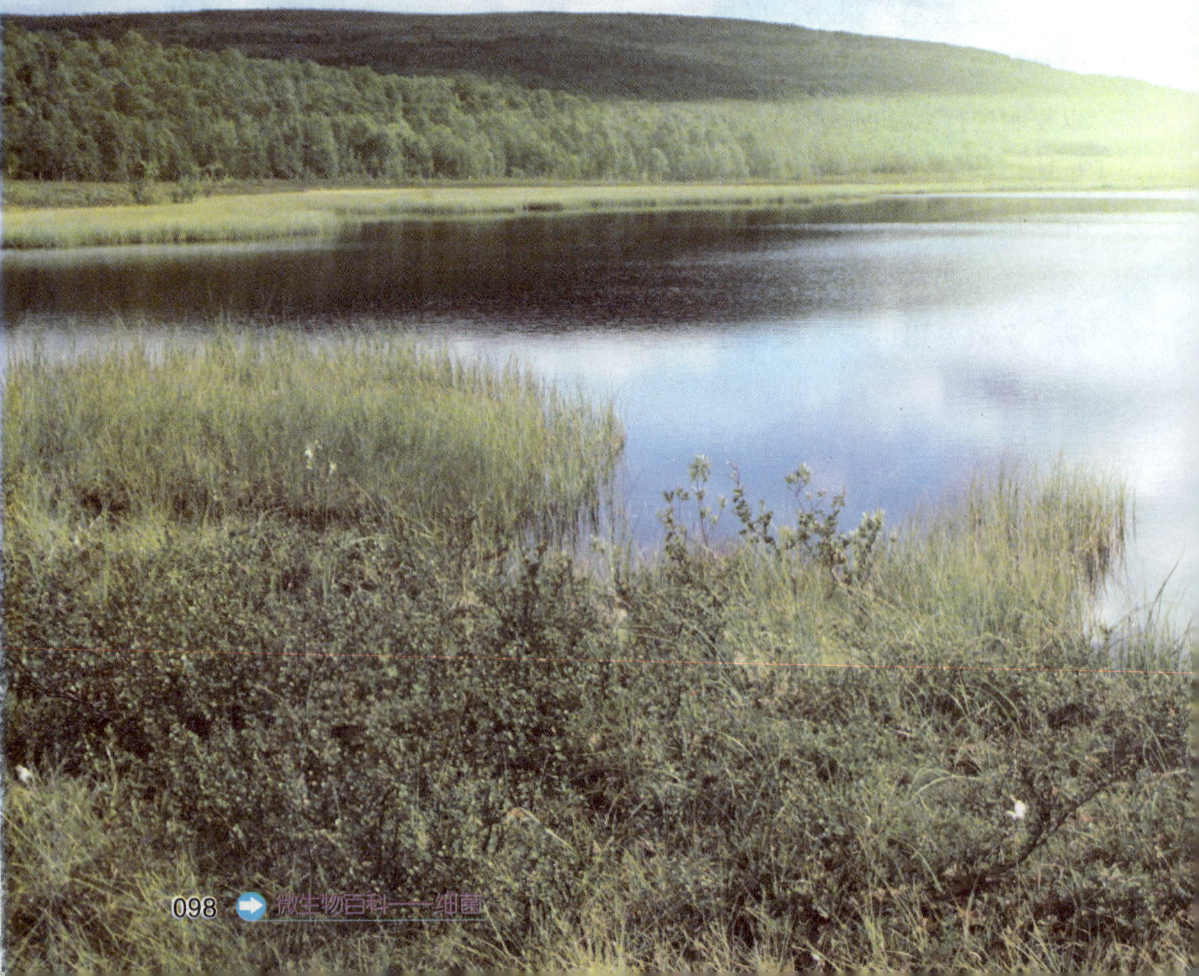

第三章 病毒与细菌

病毒起源论

只要有生命的地方,就有病毒存在,病毒很可能在第一个细胞进化出来时就存在了。病毒起源于何时尚不清楚,因为病毒不形成化石,也就没有外部参照物来研究其进化过程,同时病毒的多样性显示它们的进化很可能是多条线路的而非单一的。分子生物学技术是目前可用的揭示病毒起源的方法,但这些技术需要获得远古时期病毒DNA或RNA的样品,而目前储存在实验室中最早的病毒样品也不过90年。有三种流行的关于病毒起源的理论:

◆ 逆向理论

病毒可能曾经是一些寄生在较大细胞内的小细胞,随着时间的推移,那些在寄生生活中非必需的基因逐渐丢失。这一理论的证据是,细菌中的立克次氏体和衣原体就像病毒一样,需要在宿主细胞内才能复制;而它们缺少了能够独立生活的基因,这很可能是由于寄生生活所导致的。这一理论又被称为退化理论。

◆ 细胞起源理论

一些病毒可能是从较大生物体的基因中"逃离"出来的DNA或RNA进化而来的。逃离的DNA可

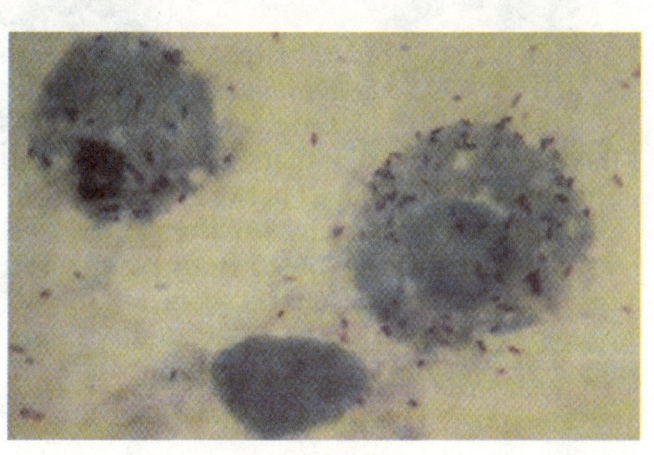

立克次氏体

微生物百科——细菌　099

◆共进化理论

病毒可能进化自蛋白质和核酸复合物,与细胞同时出现在远古地球,并且一直依赖细胞生命生存至今。类病毒是一类 RNA 分子,但不被归入病毒中,因为它们缺少由蛋白质形成的衣壳。然而,它们具有多种病毒的普遍特征,常常被称为亚病毒物质。类病毒是重要的植物病原体,它们没有编码蛋白质的基因,但可以与宿主细胞作用,利用宿主来进行它们自身的复制。这些依赖于其他种类病毒的病毒被称为"卫星病毒",它们可能是介于类病毒和病毒之间的进化中间体。

能来自质粒(可以在细胞间传递的裸露 DNA 分子)或转座子(可以在细胞基因内不同位置复制和移动的 DNA 片断,曾被称为"跳跃基因",属于可移动遗传元件)。转座子是在 1950 年由巴巴拉·麦克林托克在玉米中发现的。

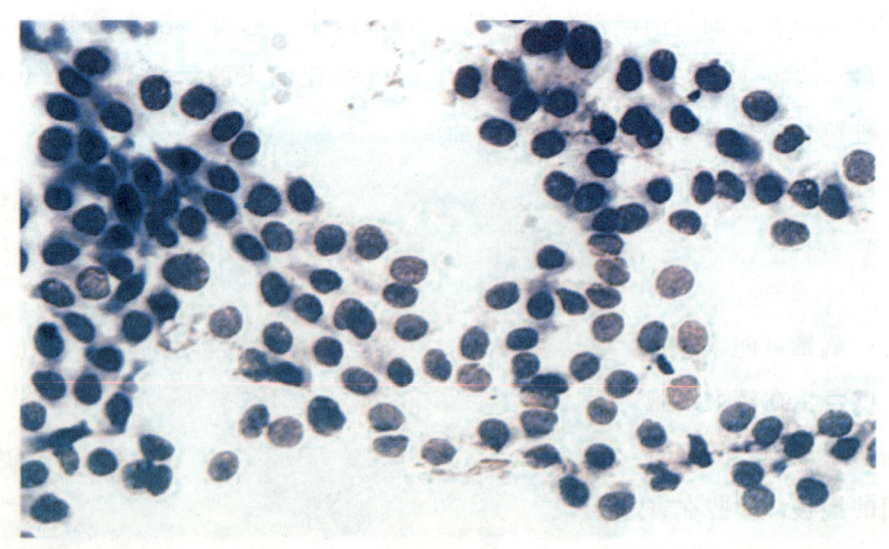

宿主细胞

第三章 病毒与细菌

病毒的传播方式

病毒的传播方式多种多样，不同类型的病毒采用不同的方法。例如，植物病毒可以通过以植物汁液为生的昆虫，如蚜虫，来在植物间进行传播；而动物病毒可以通过蚊虫叮咬而得以传播。这些携带病毒的生物体被称为"载体"。流感病毒可以经由咳嗽和打喷嚏来传播；

植物病毒

微生物百科——细菌

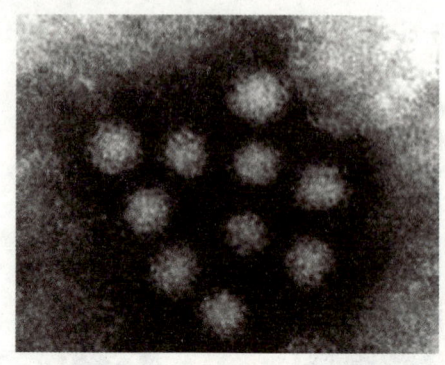

诺罗病毒

诺罗病毒则可以通过手足口途径来传播，即通过接触带有病毒的手、食物和水；轮状病毒常常是通过接触受感染的儿童而直接传播的；此外，艾滋病毒则可以通过性接触来传播。

并非所有的病毒都会导致疾病，因为许多病毒的复制并不会对受感染的器官产生明显的伤害。一些病毒，如艾滋病毒，可以与人体长时间共存，并且依然能保持感染性而不受到宿主免疫系统的影响，即"病毒持续感染"。但在通常情况下，病毒感染能够引发免疫反应，消灭入侵的病毒。而这些免疫反应能够通过注射疫苗来产生，从而使接种疫苗的人或动物能够终生对相应的病毒免疫。像细菌这样的微生物也具有抵御病毒感染的机制，如限制修饰系统。抗生素对病毒没有任何作用，但抗病毒药物已经被研发出来用于治疗病毒感染。

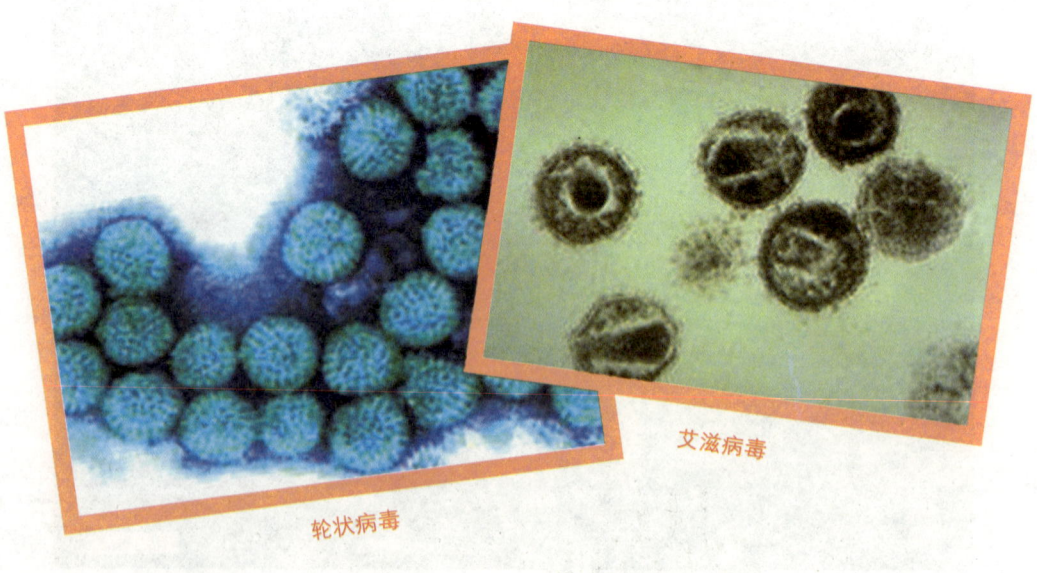

轮状病毒

艾滋病毒

病毒的危害

有一些病毒能诱发良性肿瘤，如痘病毒科的兔纤维瘤病毒、人传染性软疣病毒和乳多泡病毒科的乳头瘤病毒；另有一些能诱发恶性肿瘤，按其核酸种类可分为DNA肿瘤病毒和RNA肿瘤病毒。DNA肿瘤病毒包括乳多泡病毒料的SV40和多瘤病毒，以及腺病毒科和疱疹病毒科的某些成员。从肿瘤细胞中可查出病毒核酸或其片段和病毒编码的蛋白，但一般没有完整的病毒粒。RNA肿瘤病毒均属反录病毒

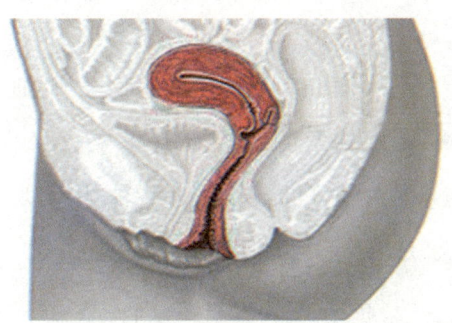

宫颈癌

科，包括鸡和小鼠的白血病和肉瘤病毒，从肿瘤细胞中可查到病毒粒。这两类病毒均能在体外转化细胞。在人类肿瘤中，已证明EB病毒与伯基特淋巴瘤和鼻咽癌有密切关系。最近，从一种T细胞白血病查到反录病毒。此外，Ⅱ型疱疹病毒可能与宫颈癌病因有关，乙型肝炎病毒可能与肝癌病因有关。但是，病毒大概不是唯一的病因，环境和遗传因素可能起协同作用。

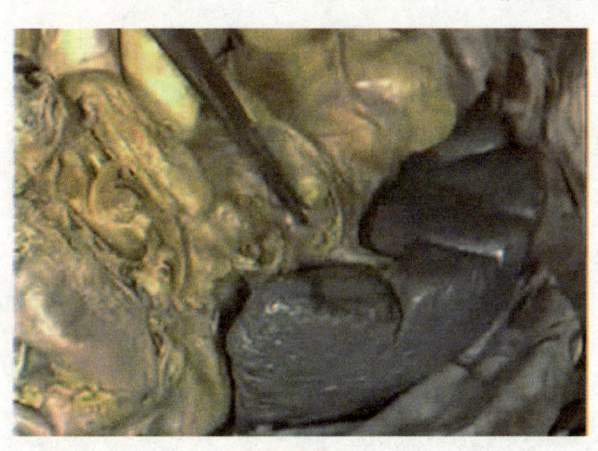

良性肿瘤

病毒的相关应用

◆ **生命科学与医学**

病毒对于分子生物学和细胞生物学的研究具有重要意义，因为它们提供了能够被用于改造和研究细胞功能的简单系统。研究和利用病毒为细胞生物学的各方面研究提供了大量有价值的信息。例如，病毒被用在遗传学研究中来帮助我们了解分子遗传学的基本机制，包括DNA复制、转录、RNA加工、翻译、蛋白质转运以及免疫学等。

遗传学家常常用病毒作为载体将需要研究的特定基因引入细胞。这一方法对于细胞生产外源蛋白质，或是研究引入的新基因对于细胞的影响，都是非常有用的。病毒治疗法也采用类似的策略，即利用病毒作为载体引入基因来治疗各种遗传性疾病，好处是可以定靶于特定的细胞和DNA。这一方法在癌症治疗和基因治疗中的应用前景广阔。一些科学家已经利用噬菌体来作为抗生素的替代品，由于一些病菌的抗生素抗性的加强，人们对于这一替代方法的兴趣也不断增长。

◆ **材料科学与纳米技术**

目前纳米技术的发展趋势是制造多用途的病毒。从材料科学的观点来看，病毒可以被看作有机纳米颗粒：它们的表面携带特定的工具用于穿过宿主细胞的壁垒。病毒的大小和形状，以及它们表面的功能基团的数量和性质，是经过精确定义的。正因为如此，病毒在材料科学中被普遍用作支架来共价连接表面修饰。病毒的一个特点是它们能够通过直接进化来被改动。从生命科学发展而来的这些强大技术正在成为纳米材料制造方法的基础，远远超越了它们在生物学和医学中的应用而被应用于更加广泛的领域中。

由于具有合适的大小、形状和明确的化学结构，病毒被用作纳米量级上的组织材料的模板。最近的一个应用例子是利用豇豆花叶病毒颗粒来放大DNA微阵列上感应器的信号。在该应用中，病毒颗粒将用于显示信号的荧光染料分离开，从而阻止能够导致荧光淬灭的非荧光二聚体的形成。另一个例子是利用豇豆花叶病毒作为纳米量级的分子电器的面板。在实验室中，病毒还可以被用于制造可充电电池。

◆ **病毒武器**

病毒能够引起瘟疫而导致人类社会的恐慌，这种能力使得一些人企图利用病毒作为生化武器来达到常规武器所不能获得的效果。而随着臭名昭著的西班牙流感病毒在实验室中获得成功复原，对于病毒成为武器的担心不断增加。另一个可能成为武器的病毒是天花病毒，天花病毒在绝迹之前曾经引起无数次的社会恐慌。目前天花病毒存在于世界上的数个安全实验室中，对于其可能成为生化武器的恐惧并非是毫无理由的。天花病毒疫苗是不安全的，在天花绝迹前，由于注射天花疫苗而患病的人数比一般患病的人数还要多，而且天花疫苗目前也不再广泛生产。因此，在存在如此多对于天花没有免疫力的现代人的情况下，一旦天花病毒被释放出来，在病毒得到控制之前，将会有无数人患病死去。

病毒和细菌的区别

细菌和病毒的区别可以从三个方面来阐述：

◆ **形态方面**

细菌的大小远比病毒大，通常细菌的大小以微米来衡量，而病毒的大小以纳米来衡量。细菌的外部形态大多为球状、杆状、螺旋状，并且也因此命名为球菌、杆菌以及螺旋菌。而病毒为多面体结构，为了能达到最佳稳定结构，以及最佳的表面积，病毒多为12面体。

◆ **结构方面**

虽然细菌没有细胞核，只有类似的拟核结构，但是细菌仍具有一定的细胞结构，即细胞壁、细胞膜、细胞质。更进一步的，根据细菌细胞壁结构和成分的不同，发展出的革兰氏染色机制，将细菌分为革兰氏阴性菌和革兰氏阳性菌。病毒不具有以上所述的细胞结构，它由核衣壳包裹遗传物质所构成。

◆ **生存繁殖方面**

细菌根据其生存方式可以分为自养性和异样性，即一部分细菌可以通过光合作用（比如一些蓝藻）或者是将无机物转化成为有机物质

第三章 病毒与细菌

的化能（比如一些硫细菌）方式而达到生存的目的；另一部分细菌则和人一样不能自己合成有机物质供自身的生长繁殖，必须从外界摄取营养来养活自己。病毒就没细菌那样能干了，它们只能依靠寄生于宿主体内的形式而存活，当然这并不是说病毒完全不能脱离宿主，它们可以暂时脱离宿主，以休眠体的形式待在外界对于它们而言非常"恶劣"的环境中。

在繁殖时细菌主要采用二分裂的方法，就是我们通常所说的一个变两、两变四的方式。病毒则必须侵入到宿主体内，利用宿主的合成机制来合成它们自己所需的蛋白质等物质来构建自己的"身体"。

细菌性与病毒性呼吸道感染的区别

病毒结构简单,缺乏完整的物质代谢系统,其生存必须依赖活细胞才能繁殖,而且对寄生的组织细胞有高度的选择性,临床常称之为亲和力。例如脑炎病毒为亲神经病毒,流感病毒为亲呼吸道病毒,因此不同类型的病毒,侵犯部位的不同而可以有不同的临床症状。

细菌性和病毒性感染是小儿呼吸道感染最常见的形式。虽然细菌性与病毒性呼吸道感染的临床症状比较相似,但也有一些区别。下面从以下方面对细菌性与病毒性呼吸道感染进行鉴别。

(1)病毒性呼吸道感染多具有明显的群体发病的特点,短期内有多数人发病,或一家人中有数人发病;而细菌性呼吸道感染则以散发性多见,患者身旁少有或没有同时发病的病人。

(2)病毒性上呼吸道感染一般喷嚏、流涕等其他症状比咽部症状明显;而细菌性上呼吸道感染则扁桃体或咽部红肿及疼痛比较明显。若伴有腹泻或眼结膜充血,则倾向是病毒感染。

(3)单纯病毒性呼吸道感染多无脓性分

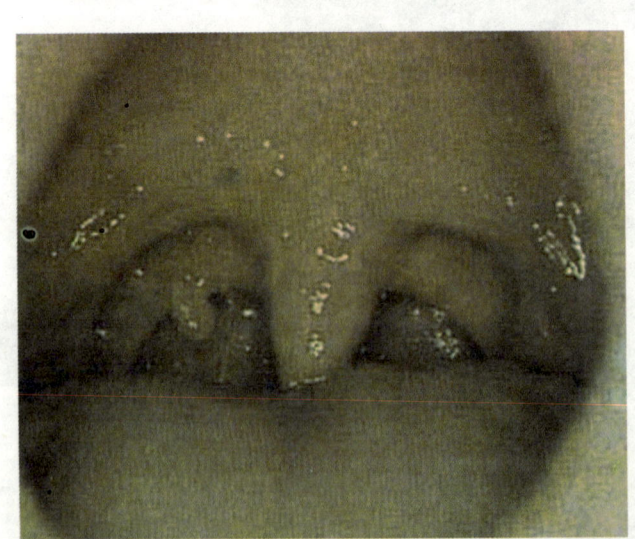

扁桃体

第三章 病毒与细菌

泌物，细菌性感染脓痰是重要证据。

（4）病毒性感染起病急骤，全身中毒症状可轻可重；细菌感染，起病可急可缓，全身中毒症状相对较重。如果开始发热不高，2至3天后，病情继而加重，多为细菌性感染。

（5）白细胞计数，一般病毒感染者白细胞总数偏低或正常，早期中性粒细胞百分数可稍高。而细菌感染时白细胞总数和中性粒细胞百分数均见高。

（6）对有发热症状的上呼吸道感染者，可给予退热药物如阿司匹林或安乃近、复方氨基比林等治疗。病毒性感染热势低，一般不超

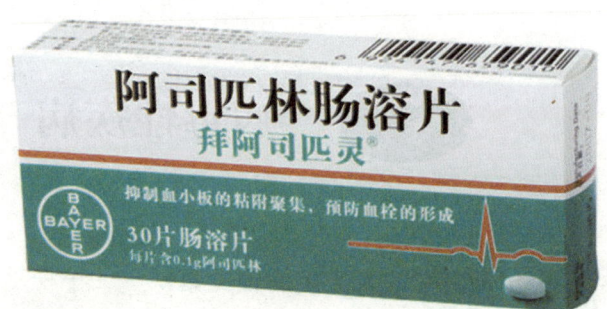

阿司匹林

过38.5℃，故能取得暂时而明显的退热效果，全身症状亦有所改善；但细菌性感染者热势高，多高于38.5℃，服用同样剂量的退热药，退热效果较差，全身症状亦无明显改善。

（7）病毒性感染伴随发热时多精神状态还不错，而细菌性感染伴随高热者往往精神状态不佳，有嗜睡、疲倦等症状。

（8）病毒性感染咽部充血多成鲜红色，明显；细菌性感染则多为暗红色。

（9）在治疗上，病毒性感染服用一些清热解毒类中成药往往效果不错，而细菌性感染者常需配合应用对症抗生素，才可有效控制病情。

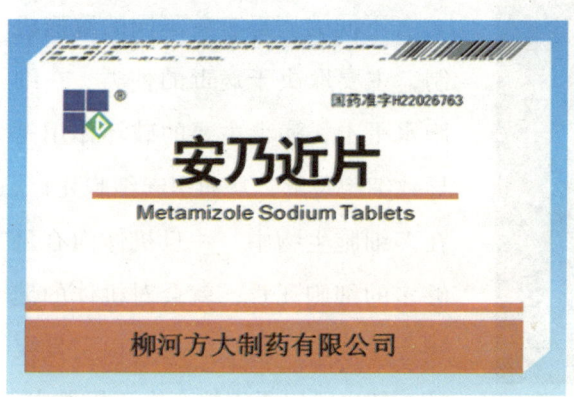

安乃近

病毒性疾病

由病毒引起的人类疾病种类繁多，已经确定的如伤风、流感、水痘等一般性疾病，以及天花、艾滋病、SARS和禽流感等严重疾病。还有一些疾病可能是以病毒为致病因子，例如，人疱疹病毒6型与一些神经性疾病，如多发性硬化症和慢性疲劳综合症之间可能相关。此外，原本被认为是马的神经系统疾病的致病因子的玻那病毒，现在被发现可

流 感

能能够引起人类精神疾病。病毒能够导致疾病的能力被称为病毒性。

不同的病毒有着不同的致病机制，主要取决于病毒的种类。在细胞水平上，病毒主要的破坏作用是导致细胞裂解，从而引起细胞死亡。在多细胞生物中，一旦机体内有足够多的细胞死亡，就会对机体的健康产生影响。虽然病毒可以引发疾病，却也可以无害地存在于机体内。

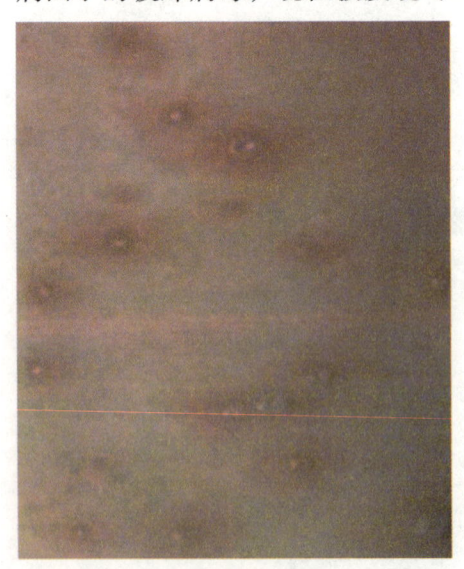

水 痘

第三章 病毒与细菌

瘟疫

一些病毒能够引起慢性感染，可以在机体内不断复制而不受宿主防御系统的影响，这类病毒包括乙肝病毒和丙肝病毒。受到慢性感染的人群即是病毒携带者，因为他们相当于储存了保持感染性的病毒。当人群中有较高比例的携带者时，这一疾病就可以发展为流行病，如瘟疫、癌症等。而疫苗与抗病毒药物是预防与治疗的最主要手段。下面介绍下病毒性疾病的种类：

◆ 鼠疫

鼠疫是由鼠疫杆菌引起的自然疫源性烈性传染病，也叫做黑死病。临床主要表现为高热、淋巴结肿痛、出血倾向、肺部特

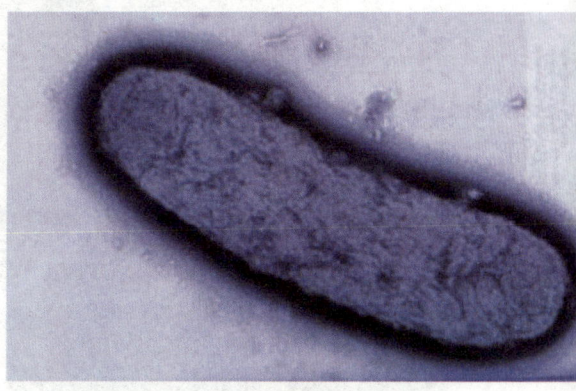

鼠疫杆菌

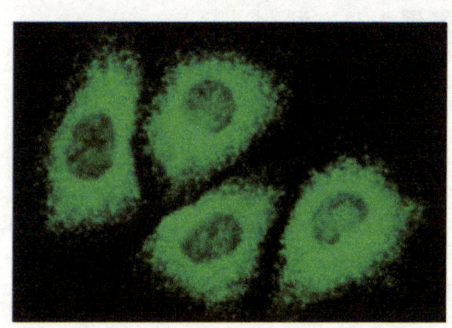

丙型肝炎病毒

殊炎症等。本病远在2000年前即有记载。世界上曾发生三次大流行，第一次发生在公元6世纪，从地中海地区传入欧洲，死亡近1亿人。第二次发生在14世纪，波及欧、亚、非。第三次是18世纪，传播32个国家。14世纪大流行时波及我国。

1793年云南师道南所著《死鼠行》中描述当时"东死鼠，西死鼠，人见死鼠如见虎。鼠死不几日，人死如圻堵"，充分说明那时鼠疫在我国流行十分猖獗。

（1）鼠疫传染源

鼠疫为典型的自然疫源性疾病，在人间流行前，一般先在鼠间流行。鼠间鼠疫传染源（储存宿主）有野鼠、地鼠、狐、狼、猫、豹等，其中黄鼠属和旱獭属最重要。家鼠中的黄胸鼠、褐家鼠和黑家鼠是人间鼠疫重要传染源。当每公顷地区发现1至1.5只以上的鼠疫死鼠，该地区又有居民点的话，此地爆发人间鼠疫的危险极高。各型患者均可成为传染源，因肺鼠疫可通过飞沫传播，故鼠疫传染源以肺型鼠疫最为重要；败血性鼠疫早期的血有传染性，腺鼠疫

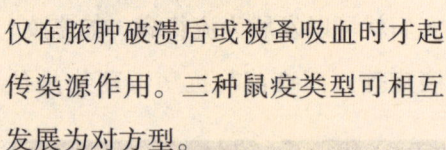

仅在脓肿破溃后或被蚤吸血时才起传染源作用。三种鼠疫类型可相互发展为对方型。

（2）鼠疫传染途径

①经鼠蚤传播：通过蚤为媒介，构成"啮齿动物→蚤→人"的传播方式是主要传播途径。主要的媒介是鼠蚤，如旱獭的长须山蚤、沙鼠的沙鼠客蚤、田鼠的原双蚤以

黄 鼠

第三章 病毒与细菌

沙 鼠

及家鼠的印鼠客蚤等10余种蚤类都是主要的传播媒介。蚤类吸入含病菌的鼠血后，其中的鼠疫耶尔森菌在其前胃内大量繁殖，形成菌栓堵塞消化道，当在叮咬其他鼠或人时，吸入的血受阻反流，病菌亦随之侵入构成感染。蚤粪亦含病菌，可因搔痒通过皮肤伤口侵入人体。

②经皮肤传播：剥食患病啮齿类动物的皮、肉或直接接触病人的脓血或痰，经皮肤伤口而感染。在自然疫源地得到某种程度控制情况下，尤其首发病例，由于猎取旱獭等经济动物而经皮接触感染，更具重要意义。

③呼吸道飞沫传播：肺鼠疫病人痰中的鼠疫耶尔森菌可借飞沫构成"人→人"之间的传播，并可引起人间的大流行。一般情况下腺鼠疫并不造成对周围

旱 獭

微生物百科——细菌　113

的威胁。

（3）影响鼠疫传染的因素

①气候变化

由美国疾病防治中心主导，并对尚存野生动物瘟疫源所做的现代研究已证实，鼠疫的爆发大部分是突如其来的严重气候变化而引起。降雨过多是造成鼠疫蔓延的最大原因，如果是旱灾过后又降雨过度，更具爆发的可能性。

雨量过多时，植被生长将会增加，因此草食动物和昆虫将会取得较多食物。啮齿类动物亦会大量繁殖（包括那些带有鼠疫杆菌，但对病菌免疫的老鼠），并远远超过其掠食者能捕食控制的数量。在爆炸性的大量繁衍过后，为了找到觅食的地盘，这些动物的活动范围不得不更加扩大。于是在数个月内，这些带有鼠疫杆菌的野生动物就会向海浪一样四处向外扩散。不久，这些动物就

跳蚤

会和其他不带鼠疫杆菌的啮齿类动物接触，并由跳蚤的吸血媒介作进一步跨物种传染。

②跳蚤吸血的跨物种传染

虽然鼠疫是人畜共通的传染疾病，然主要的病菌媒介并非是老鼠本身，而是毫不起眼的跳蚤。啮齿类动物对鼠疫大多有免疫力，然寄生在它们身上的跳蚤则不然，跳蚤会死于鼠疫。不过讽刺的是，鼠疫的散播过程，其实是整个死亡过程

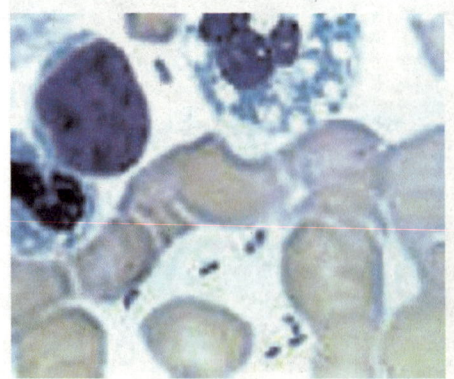

鼠疫杆菌

本身。

跳蚤吸食啮齿类动物身上的带有鼠疫杆菌的血液后，其消化管部分会被一种由繁殖中的病菌与血块混合的东西所阻塞。病蚤乃开始肌肠辘辘而变得饥不择食，以致凡是

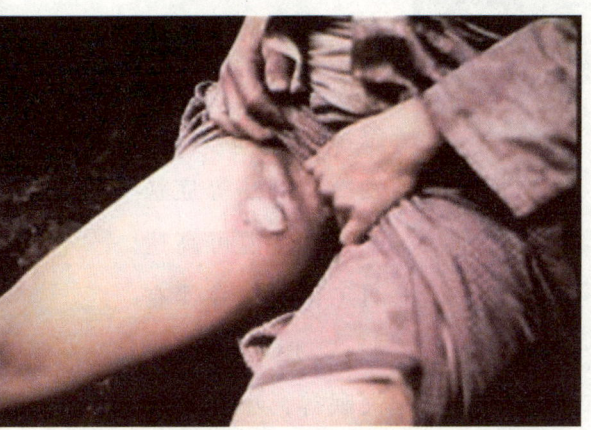

鼠疫患者

会移动的生物——不论是否为平时的宿主类生物，它几乎都会往上跳吸食血液。但由于肠道被堵住无法消化的关系，病蚤除了无法止饥外，更会在吸血的同时吐出带有鼠疫杆菌的血液，因而将鼠疫杆菌传播至被吸血的宿主。最后病蚤会迅速地从一个宿主跳到另一个宿主，无所不螫，在执行一个不可能满足的任务之后，进一步把鼠疫传播开来。

所有的鼠疫，包括淋巴腺病不明显的病例，皆可引起败血性鼠疫。其经由血液感染身体各部位，若病菌侵入肺部造成肺炎后，更会造成次发性肺鼠疫。感染者会把富含病菌的痰与飞沫传播，进一步扩大鼠疫病情，并造成局部地区的爆发或毁灭性的大流行。

1898年，法国科学家席蒙在印度孟买首次证明鼠及跳蚤是鼠疫的传播者。

◆ 天花

天花是由天花病毒引起的一种烈性传染病，也是到目前为止，在世界范围被人类消灭的第一个传染病。2007年12月21日，美国总统布什为了预防生物武器的袭击，带头接种了天花疫苗。因为天花病毒

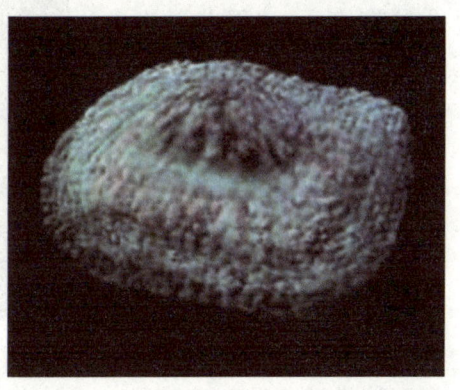

天 花

和炭疽杆菌一样，如果被用做生物武器的话，具有十分强大的杀伤力，被称为"穷人的核弹"。在中国，几十年前就消灭了天花。

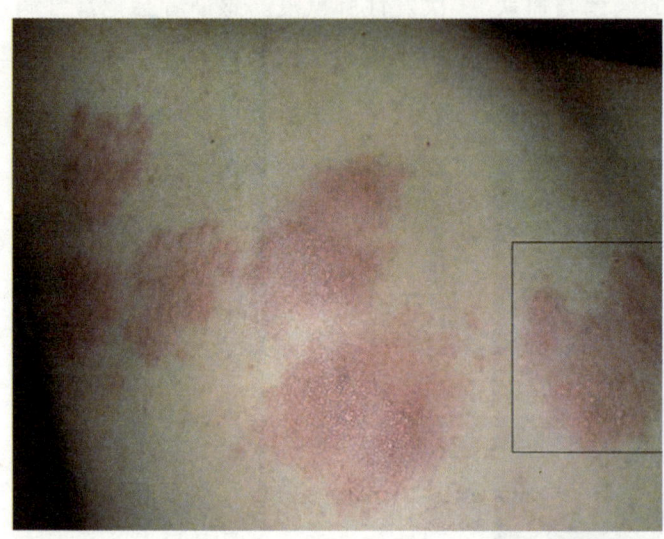
皮疹

天花是感染痘病毒引起的，无药可治，患者在痊愈后脸上会留有麻子，"天花"由此得名。天花病毒外观呈砖形，约200微米×300微米，抵抗力较强，能对抗干燥和低温，在痂皮、尘土和皮肤上，可生存数月至一年半之久。天花病毒有高度传染性，没有患过天花或没有接种过天花疫苗的人，不分男女老幼包括新生儿在内，均能感染天花。

天花主要通过飞沫吸入或直接接触而传染。当人感染了天花病毒以后，大约有10天左右潜伏期。潜伏期过后，病人发病很急，多以头痛、背痛、发冷或高热等症状开始，体温可高达41℃以上，并伴有恶心、呕吐、便秘、失眠等，小儿常有呕吐和惊厥。发病3至5天后，病人的额部、面颊、腕、臂、躯干和下肢出现皮疹。开始为

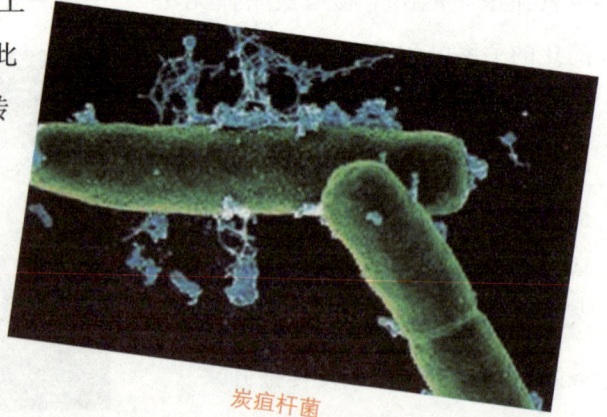
炭疽杆菌

红色斑疹，后变为丘疹，2至3天后丘疹变为疱疹，以后疱疹转为脓疱疹。脓疱疹形成后2至3天，逐渐干缩结成厚痂，大约1个月后痂皮开始脱落，遗留下疤痕，俗称"麻斑"。重型天花病人常伴并发症，如败血症、骨髓炎、脑炎、脑膜炎、肺炎、支气管炎、中耳炎、喉炎、失明、流产等，是天花致人死亡的主要原因。

对天花病人要严格进行隔离，病人的衣、被、用具、排泄物、分泌物等要彻底消毒。对病人除了采取对症疗法和支持疗法以外，重点是预防病人发生并发症，口腔、鼻、咽、眼睛等要保持清洁。接种天花疫苗是预防天花的最有效办法。

天花是世界上传染性最强的疾病之一，这种病毒繁殖快，能在空气中以惊人的速度传播。假设美国俄克拉荷马州有3000人感染天花病毒，12天内病毒就会扩散到美国各地，殃及数以百万人。

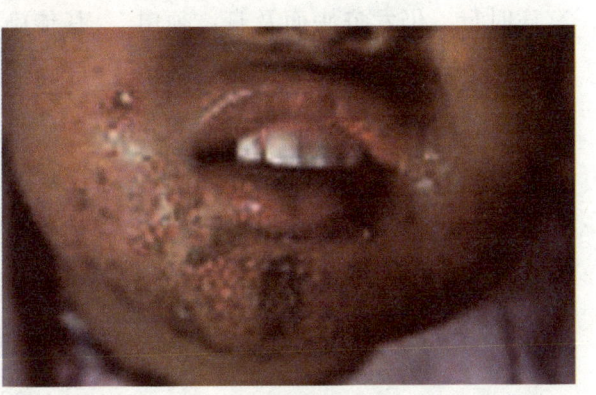

疱 疹

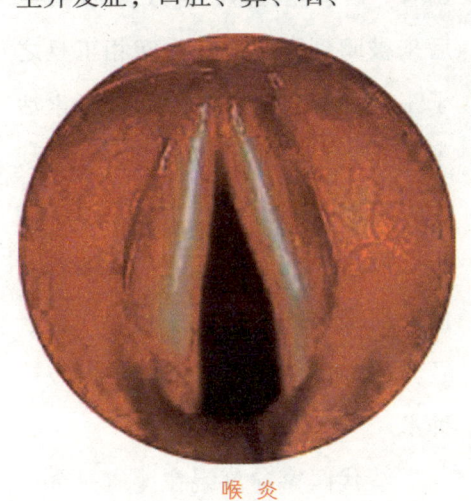

喉 炎

天花临床表现主要为严重毒血症状（寒战、高热、乏力、头痛、四肢及腰背部酸痛，体温急剧升高时可出现惊厥、昏迷），皮肤成批依次出现斑疹、丘疹、疱疹、脓疱，最后结痂、脱痂，遗留痘疤。天花来势凶猛，发展迅速，对未免疫人群感染后15至20天内致死率高达30%。由于天花病毒只在人身上传染，而且牛痘疫苗能终身有效地防止天花的传染，因此自1977年以后世界上没有发生过天花。

（1）人痘接种法

天花又名痘疮，是一种传染性较强的急性发疹性疾病。早在晋代时，著名药学家道家葛洪在《肘后备急方》中已有记载，他说："比岁有病时行，仍发疮头面及身，须臾周匝，状如火疮，皆戴白浆，随决随生"，"剧者多死"。同时他对天花的起源进行了追溯，指出此病起自东汉光武帝建武年间（公元23—26年）。这是中国也是世界上最早关于天花病的记载。书中还说："永徽四年，此疮从西流东，遍及海中"。这是世界最早关于天花流行的记载，对于天花书中尚载有具体治疗的药物方法。

公元9世纪时欧洲天花流行甚为猖獗。在日耳曼军队入侵法国时，兵士感染天花，统率者竟下令采取杀死一切患者的残忍手段，以防止其传染，结果天花照样流行。在印度则采取"天花女神"的迷信办法，自然也无济于事。中国则不同，不仅早就注意天花的治疗，而且积极采取预防措施。据清代医学家朱纯嘏在《痘疹定论》中记载，宋真宗（公元998—1022年）或仁宗（公元1023—1063年）时期，四川峨眉山有一医者能种痘，被人誉为神医。后来被聘到开封府，为宰相王旦之子王素种痘获得成功。后来王素活了六十七岁，这个传说或有讹误，但也不能排除宋代有产生人痘接种萌芽的可能性。到了明代，随着对传染性疾病的认识加深和治疗痘疹经验的丰富，便正式发明了人痘接种术。

清代医家俞茂鲲在《痘科金镜

《肘后备急方》

第三章 病毒与细菌

赋集解》中说得很明确："种痘法起于明隆庆年间（公元1567—1572年），宁国府太平县，姓氏失考，得之异人丹徒之家，由此蔓延天下，至今种花者，宁国人居多"。乾隆时期，医家张琰在《种痘新书》中也说："余祖承聂久吾先生之教，种痘箕裘，已经数代"。又说："种痘者八九千人，其莫救者二三十耳"。这些记载说明，自16世纪以来，中国已逐步推广人痘接种术，而且世代相传，师承相授。

清初医家张璐在《医通》中综述了痘浆、旱苗、痘衣等多种预防接种方法。其具体方法是：用棉花蘸取痘疮浆液塞入接种儿童鼻孔中，或将痘痂研细，用银管吹入儿鼻内；或将患痘儿的内衣脱下，着于健康儿身上，使之感染。总之，通过如上方法使之产生抗体来预防天花。由上可知，中国至迟在16世纪下半叶已发明人痘接种术，到17世纪已普遍推广。公元1682年时，康熙皇帝曾下令各地种痘。据康熙的《庭训格言》写道："训曰：国初人多畏出痘，至朕得种痘方，诸子女及尔等子女，皆以种痘得无恙。今边外四十九旗及喀尔喀诸藩，俱命种痘；凡所种皆得善愈。尝记初种时，年老人尚以为怪，朕坚意为之，遂全此千万人之生者，岂偶然耶？"可见当时种痘术已在全国范围内推行。

人痘接种法的发明，很快引起外国注意。俞正燮《癸巳存稿》载："康熙时（公元1688年）俄罗斯遣人至中国学痘医"，这是最早派留学生来中国学习种人痘的国家。种痘法后经俄国又传至土耳其和北欧。公元1717年，英国驻土耳其公使蒙塔古夫人在君士坦丁堡学得种痘法，三年后又为自己6岁的女儿在英国种了人痘。随后欧洲各国和印度也试行接种人痘。18世纪初，突尼斯也推行此法。公元1744年杭州人李仁山去日本九州长崎，把种痘法传授给折隆元。乾隆十七年（公元1752年），《医宗金鉴》传到日本，种痘法在日本就广为流传了，其后此法又传到朝鲜。18世纪中叶，中国所发明的人痘接种术已传遍欧亚各国。公元1796年，英国人贞纳受中国人痘接种法的启示，试种牛痘成功，这才逐渐取代了人痘接种法。中国发明人痘接种，这是对人工特异性免疫法一项重大贡献。18世纪法国启蒙思想家、哲学家伏尔泰曾在《哲学通讯》中写载："我听说一百多年来，中国人一直就有这种习惯，这是被认为全世界最聪明最讲礼貌的一个民族的伟大先例和榜样"。由此可见中国发明的人痘接种术（特异性人工免疫法）在当时世界影响之大。

（2）天花的发展情况

世界上有两个戒备森严的实验室里保存着少量的天花病毒，它们被冷冻在 -70℃的容器里，等待着人类对它们的终审判决。这两个实验室一个在俄罗斯的莫斯科，另一个在美国的亚特兰大。世界卫生组织于1993年制定了销毁全球天花病毒样品的具体时间表，后来这项计划又被推迟。因为病毒学家和公共卫生专家们在如何处理仅存的天花病毒的问题上发生了争论：是彻底消灭，还是无限期冷冻？

主张彻底消灭的人认为：彻底消灭现在实验室里的所有天花病毒，是不使天花病毒死灰复燃、卷土重来的最佳良策。但另一些科学家认为，天花病毒不应该从地球上完全清除。因为，在尚不可知的未来研究中可能还要用到它。而一旦它被彻底消灭了，就再也不可能复生。美国政府已向全世界表示，反对销毁现存的天花病毒样品，以便科学家继续研制防止天花感染的疫苗和治疗天花的药物。美国政府的理由是，"9.11"恐怖袭击事件和炭疽威胁发生后，美国必须作好对付生物恐怖威胁的准备，为继续研究对付天花的手段，必须保留这一病毒样品。

20世纪80年代前出生的孩子，几乎胳膊上都有一个"种牛痘"的疤痕，这是那个年代防止天花的接种。

第三章 病毒与细菌

为什么蚊虫不会传染艾滋病病毒

蚊虫的叮咬可能传播其他疾病（例如黄热病、疟疾等），但是不会传播艾滋病病毒。蚊子传播疟疾是因为疟原虫进入蚊子体内并大量繁殖，带有疟原虫的蚊子再叮咬其他人时，便会把疟原虫注入另一个人的身体中，令被叮者感染。蚊虫叮咬一个人的时候，它们并不会将自己或者前面那个被吸过血的人血液注入。

它们只会将自己的唾液注入，这样可以防止此人的血液发生自然凝固。它们的唾液中并没有艾滋病病毒，而且喙器上仅沾有极少量的血，病毒的数量极少，不足以令下一个被叮者受到感染。而且艾滋病病毒在昆虫体内只会生存很短的时间，不会在昆虫体内不断繁殖，昆虫本身也不会得艾滋病。

微生物百科——细菌

◆艾滋病

艾滋病，即获得性免疫缺陷综合征（又译：后天性免疫缺陷症候群），英语缩写为AIDS。1981年在美国首次注射和被确认，曾译为"爱滋病""爱死病"。艾滋病分为两型：HIV-1型和HIV-2型，是人体注射感染了"人类免疫缺陷病毒"（又称艾滋病病毒）所导致的传染病。艾滋病病毒在人体内的潜伏期平均为9年至10年，

黑猩猩

在发展成艾滋病病人以前，病人外表看上去正常，他们可以没有任何症状地生活和工作很多年。艾滋病被称为"史后世纪的瘟疫"，也被称为"超级癌症"和"世纪杀手"。

（1）艾滋病的起源发展

科学研究发现，艾滋病最初是在西非传播的，是某慈善组织做了一批针对某流行病疫苗捐给非洲某国，但他们不知道做疫苗用的黑猩猩携带有艾滋病毒。

由美国、欧洲和喀麦隆科学家组成的一个国际研究小组说，他们通过野外调查和基因分析证实，人类艾滋病病毒

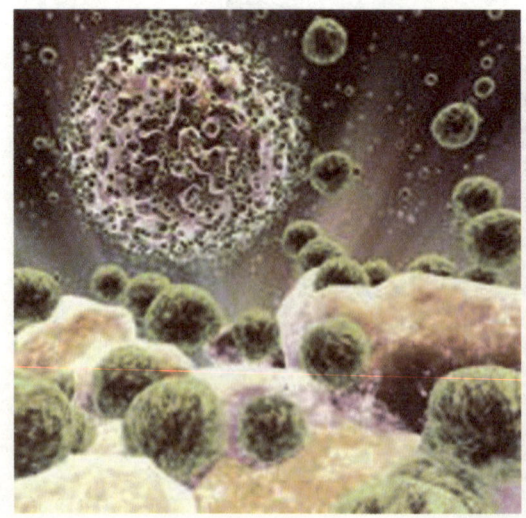

HIV病毒

第三章　病毒与细菌

HIV-1起源于野生黑猩猩,病毒很可能是从猿类免疫缺陷病毒 SIV 进化而来。其实,艾滋病的起源应该是在非洲。1959年的刚果,还是法属殖民地。一个自森林中走出的土人,被邀请参与一项和血液传染病有关的研究。他的血液样本经化验后,便被予以冷藏,就此尘封数十年。万没想到的是,数十年后,这血液样本竟然成为解开艾滋病来源的重要线索。

艾滋病起源于非洲,后由移民带入美国。1981年6月5日,美国亚特兰大疾病控制中心在《发病率与死亡率周刊》上简要介绍了5例艾滋病病人的病史,这是世界上第一次有关艾滋病的正式记载。1982年,这种疾病被命名为"艾滋病"。

非洲大地

美　国

微生物百科——细菌

不久以后，艾滋病迅速蔓延到各大洲。1985年，一位到中国旅游的外籍青年患病入住北京协和医院后很快死亡，后被证实死于艾滋病。这是我国第一次发现艾滋病。

艾滋病严重地威胁着人类的生存，已引起世界卫生组织及各国政府的高度重视。艾滋病在世界范围内的传播越来越迅猛，严重威胁着人类的健康和社会的发展，已成为威胁人们健康的第四大杀手。联合国艾滋病规划署2006年5月30日宣布自1981年6月首次确认艾滋病以来，25年间全球累计有6500万人感染艾滋病毒，其中250万人死亡。到2005年底，全球共有3860万名艾滋病病毒感染者，当年新增艾滋病病毒感染者410万人，另有280万人死于艾滋病。2008年7月29日，联合国艾滋病规划署星

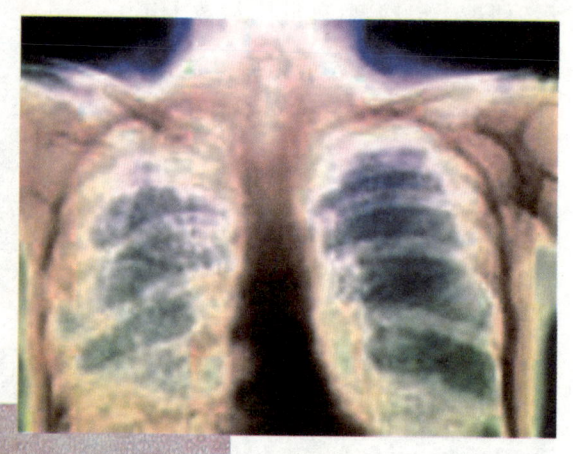

肺结核

期二发布了《2008艾滋病流行状况报告》。报告指出，2007年，全球防治艾滋病的努力取得了显著进展，艾滋病流行首次呈现缓和局势，新增艾滋病毒感染者的数量以及因艾滋病死亡的人数都出现下降。不

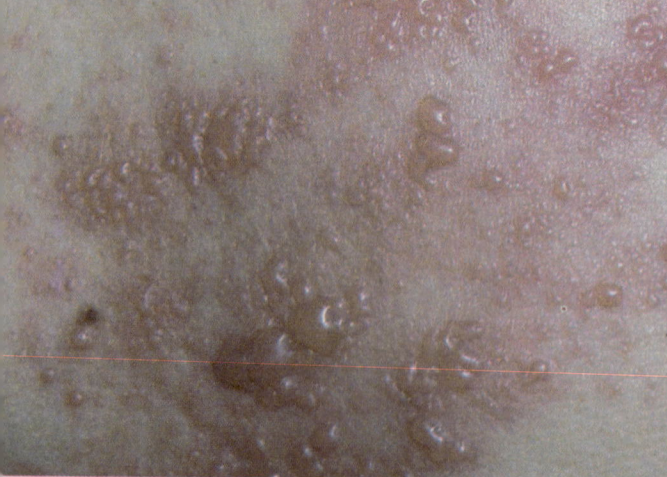

带状疱疹

过,各国的情况并不均衡,全球艾滋病患者的总数也仍然居高不下。2007年全球新增艾滋病毒感染者270万,比2001年下降了30万;因艾滋病死亡的人数为200万,比2001年下降20万。

据专家介绍,艾滋病病毒感染者从感染初期算起,要经过数年、甚至长达10年或更长的潜伏期后才会发展成艾滋病病人。艾滋病病人因抵抗能力极度下降会出现多种感染,如带状疱疹、口腔霉菌感染、肺结核、特殊病原微生物引起的肠炎、肺炎、脑炎等,后期常常发生

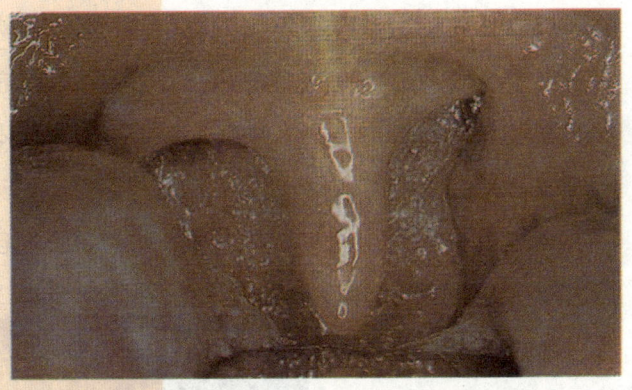

咽炎

恶性肿瘤,直至因长期消耗,全身衰竭而死亡。

虽然全世界众多医学研究人员付出了巨大的努力,但至今尚未研制出根治艾滋病的特效药物,也没有可用于预防的有效疫苗。目前,这种病死率几乎高达100%的"超级癌症"已被我国列入乙类法定传染病,并被列为国境卫生监测传染病之一。故此我们把其称为"超级绝症"。

(2)艾滋病的四期症状

从感染艾滋病病毒到发病有一个完整的自然过程,临床上将这个过程分为四期:急性感染期、潜伏期、艾滋病前期、典型艾滋病期。不是每个感染者都会完整地出现四期表现,但每个疾病阶段的患者在临床

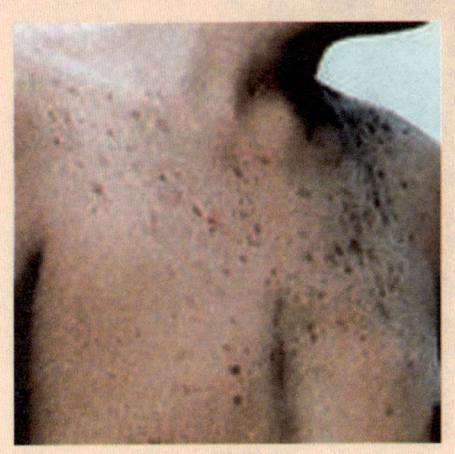

急性感染期

上都可以见到。四个时期不同的临床表现是一个渐进的和连贯的病程发展过程。

① 急性感染期

窗口期也在这个时间，HIV侵袭人体后对机体的刺激所引起的反应。病人发热、皮疹、淋巴结肿大、还会发生乏力、出汗、恶心、呕吐、腹泻、咽炎等。有的还出现急性无菌性脑膜炎，表现为头痛、神经性症状和脑膜刺激症。末梢血检查，白细胞总数正常，或淋巴细胞减少，单核细胞增加。急性感染期时，症状常较轻微，容易被忽略。当这种发热等周身不适症状出现后5周左右，血清HIV抗体可呈现阳性反应。此后，临床上出现一个长短不等的、相对健康的、无症状的潜伏期。

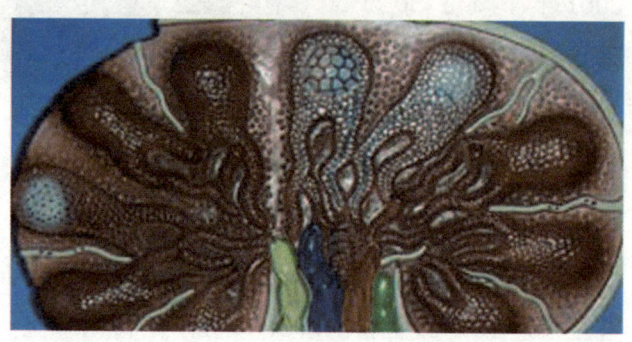

淋巴结

② 潜伏期

潜伏期感染者可以没有任何临床症状。但潜伏期不是静止期，更不是安期，病毒在持续繁殖，具有强烈的破坏作用。潜伏期指的是从感染HIV开始，到出现艾滋病临床症状和体征的时间。艾滋病的平均潜伏期，现在认为是2至10年。这对早期发现病人及预防都造成很大困难。

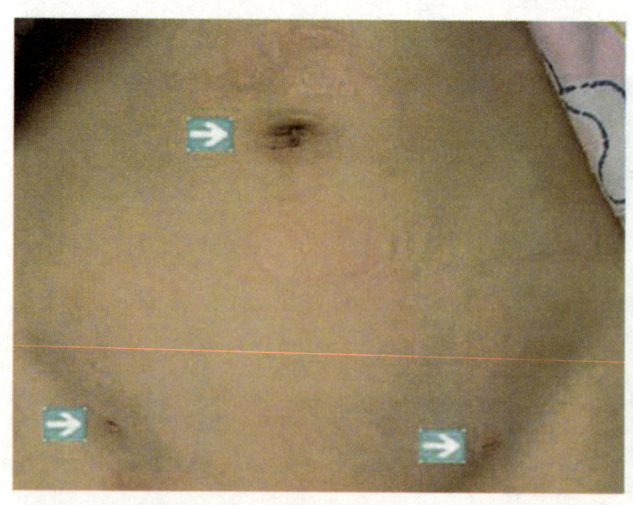

腹股沟

第三章 病毒与细菌

肠系膜淋巴结肿大

③艾滋病前期

潜伏期后开始出现与艾滋病有关的症状和体征，直至发展成典型的艾滋病的一段时间。这个时期，有很多命名，包括"艾滋病相关综合征""淋巴结病相关综合征""持续性泛发性淋巴结病""艾滋病前综合征"等。这时，病人已具备了艾滋病的最基本特点，即细胞免疫缺陷，只是症状较轻而已。主要的临床表现有：

A.淋巴结肿大：这是此期最主要的临床表现之一，主要是浅表淋巴结肿大。发生的部位多见于头颈部、腋窝、腹股沟、颈后、耳前、耳后、股淋巴结、颌下淋巴结等。一般至少有两处以上的部位，有的多达十几处。肿大的淋巴结对一般治疗无反应，常持续肿大超过半年以上。约30%的病人临床上只有浅表淋巴结肿大，而无其他全身症状。

B.全身症状：病人常有病毒性疾病的全身不适，肌肉疼痛等症状。约50%的病有疲倦无力及周期性低热,常持续数月。夜间盗汗，1月内多于5次。约1/3的病人体重减轻10%以上，这种体重减轻不能单纯用发热解释，补充足够的热量也不能控制这种体重减轻。有的病人头痛、抑郁或焦虑，有的出现感觉神经末梢病变，可能与病毒侵犯神经系统有关，有的可出现反应性

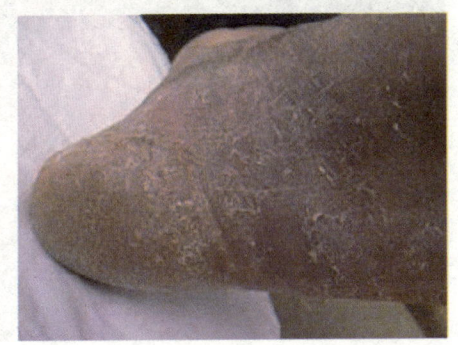
脚癣

精神紊乱。3/4的病人可出现脾肿大。

C.各种感染：此期除了上述的浅表淋巴结肿大和全身症状外，患者经常出现各种特殊性或复发性的非致命性感染。反复感染会加速病情的发展，使疾病进入典型的艾滋病期。约有半数病人有比较严重的脚癣，通常是单侧的，对局部治疗缺乏有效的反应，病人的腋窝和腹股沟部位常发生葡萄球菌感染大疱性脓疱疮，病人的肛门、生殖器、负重部位和口腔黏膜常发生尖锐湿疣和寻常疣病毒感染。口唇单纯疱疹和胸部带状疱疹的发生率也较正常人群明显增加。口腔白色念珠菌也相当常见，主要表现为口腔黏膜糜烂、充血、有乳酪状覆盖物。其

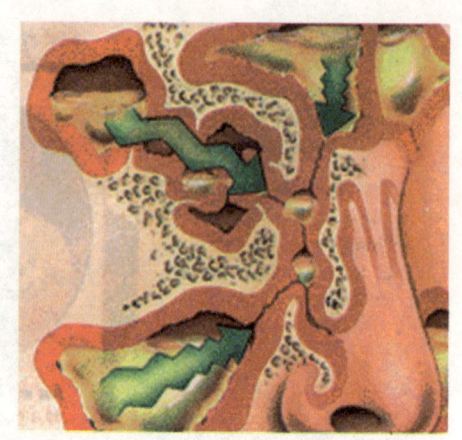

慢性鼻窦炎

他常见的感染有非链球菌性咽炎，急性和慢性鼻窦炎和肠道寄生虫感染。许多病人排便次数增多，变稀、带有黏液。可能与直肠炎及多种病原微生物对肠道的侵袭有关。此外，口腔可出现毛状白斑，毛状白斑的存在是早期诊断艾滋病的重要线索。

④典型的艾滋病期

有的学者称其为致死性艾滋病，是艾滋病病毒感染的最终阶段。此期具有三个基本特点：严重的细胞免疫缺陷；发生各种致命性机会性感染；发生各种恶性肿瘤。

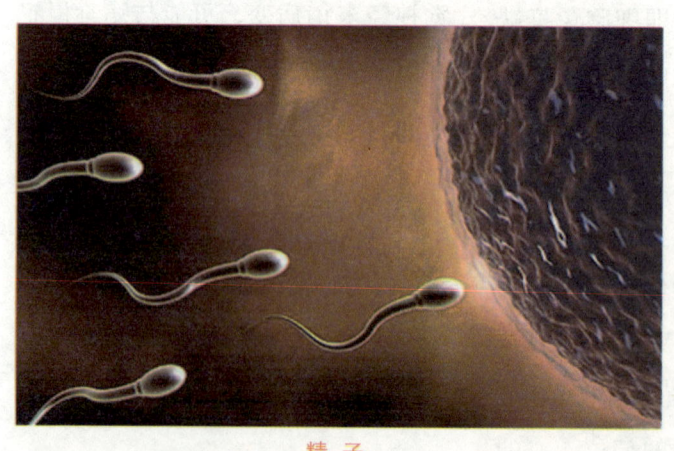

精子

第三章　病毒与细菌

艾滋病的终期，免疫功能全面崩溃，病人出现各种严重的综合病症，直至死亡。

确诊艾滋病不能光靠临床表现，最重要的根据是检查者的血液检测是否为阳性结果，所以怀疑自身感染 HIV 后应当及时到当地的卫生检疫部门做检查，千万不要自己乱下诊断。

（3）艾滋病的传播途径

艾滋病传染主要是通过性行为、体液的交流而传播、母婴传播。体液主要有：精液、血液、阴道分泌物、乳汁、脑脊液和有神经症状者的脑组织中。其他体液中，如眼泪、唾液和汗液，存在的数量很少，

一般不会导致艾滋病的传播。

唾液传播艾滋病病毒的可能性非常小，所以一般接吻是不会传播的。但是如果健康的一方口腔内有伤口，或者破裂的地方，同时艾滋病病人口内也有破裂的地方，双方接吻，艾滋病病毒就有可能通过血液而传染。汗液是不会传播艾滋病病毒的，艾滋病病人接触过的物体也不可能传播艾滋病病毒的。但是艾滋病病人用过的剃刀、牙刷等，可能有少量艾滋病病人的血液；毛巾上可能有精液。如果和病人共用个人卫生用品，就可能被传染。但是，因为性乱交而得艾滋病的病人往往还有其他性病，如果和他们共用个人卫生用品，即使不会被感染艾滋病，也可能感染其他疾病。所以个

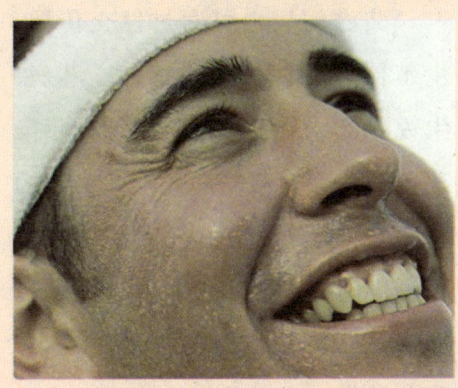

汗液

微生物百科——细菌　129

人卫生用品不应该和别人共用。

一般的接触并不能传染艾滋病,所以艾滋病患者在生活当中不应受到歧视,如共同进餐、握手等都不会传染艾滋病。艾滋病病人吃过的菜,喝过的汤是不会传染艾滋病病毒的。艾滋病病毒非常脆弱,在离开人体,如果暴露在空气中,没有几分钟就会死亡。艾滋病虽然很可怕,但该病

同性恋

毒的传播力并不是很强,它不会通过我们日常的活动来传播,也就是说,我们不会经浅吻、握手、拥抱、共餐、共用办公用品、共用厕所、游泳池、共用电话、打喷嚏等而感染,甚至照料病毒感染者或艾滋病患者都没有关系。

① 性传播

艾滋病病毒可通过性交传播。生殖器患有性病(如梅毒、淋病、尖锐湿疣)或溃疡时,会增加感染病毒的危险。艾滋病病毒感染者的精液或阴道分泌物中有大量的病毒,通过肛门性交、阴道性交,就会传播病毒。口交传播的机率比较小,除非健康一方口腔内有伤口,或者

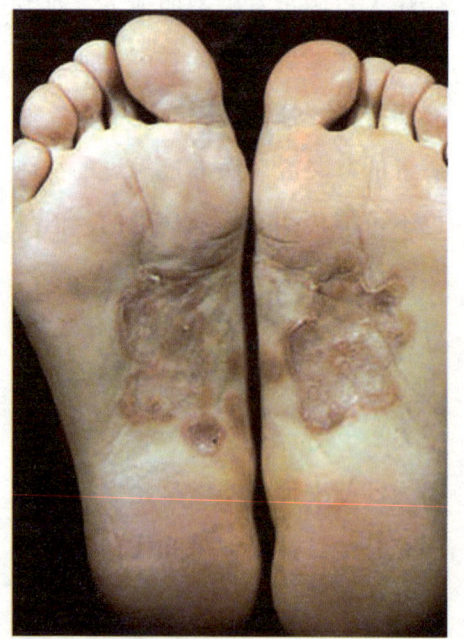
梅 毒

第三章 病毒与细菌

破裂的地方，艾滋病病毒就可能通过血液或者精液传染。一般来说，接受肛交的人被感染的可能非常大。因为肛门的内部结构比较薄弱，直肠的肠壁较阴道壁更容易破损，精液里面的病毒就可能通过这些小伤口，进入未感染者体内繁殖。这就是为什么男同性恋比女同性恋者更加容易得艾滋病病毒的原因。这也就是为什么在发现艾滋病病毒的早期，被有些人误认为是同性恋特有的疾病。由于现在艾滋病病毒传播到全世界，艾滋病已经不再是同性恋的专有疾病了。

② 血液传播

输血传播：如果血液里有艾滋病病毒，输入此血者将会被感染。血液制品传播：有些病人（例如血友病）需要注射由血液中提起的某些成份制成的生物制品。如果该制品含有艾滋病病毒，该病人就可能被感染。但是如果说："有些血液制品中有可能有艾滋病病毒，使用血液制品就有可能感染上HIV。"这是不正确的。就如同说：开车就会出车祸一样的道理。因为，在艾滋病

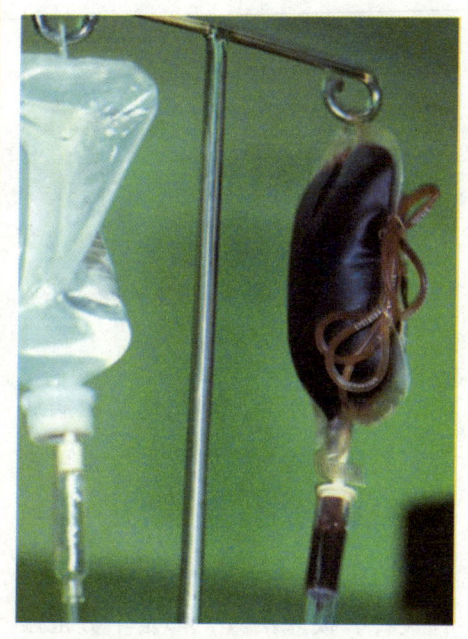

输血

还没有被发现前，1990年代以前，献血人的血验血的时候还没有包括对艾滋病的检验，所以有些病人因为接受输血，而感染艾滋病病毒。但是随着全世界对艾滋病的认识逐渐加深，基本上所有的血液用品都必须经过艾滋病病毒的检验，所以在发达国家的血液制品中含有艾滋病病毒的可能性几乎是零。

③ 共用针具的传播

使用不洁针具可以使艾滋病毒从一个人传到另一个人。例如：静脉吸毒者共用针具、医院里重复使

微生物百科——细菌

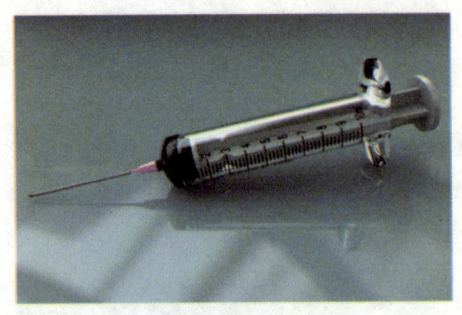

注射器

用针具、吊针等。不光是艾滋病病毒，其他疾病（例如肝炎）也可能通过针具而传播。另外，使用被血液污染而又未经严格消毒的注射器、针灸针、拔牙工具，都是十分危险的。所以在有些西方国家，政府还有专门给吸毒者发放免费针具的部门，就是为了防止艾滋病的传播。

④母婴传播

如果母亲是艾滋病感染者，那么她很有可能会在怀孕、分娩过程或是通过母乳喂养使她的孩子受到感染。但是，如果母亲在怀孕期间，服用有关抗艾滋病的药品，婴儿感染艾滋病病毒的可能就会降低很多，甚至完全健康。有艾滋病病毒的母亲绝对不可以用自己母乳喂养孩子。

◆ SARS

SARS 就是传染性非典型肺炎，全称严重急性呼吸综合症。简称

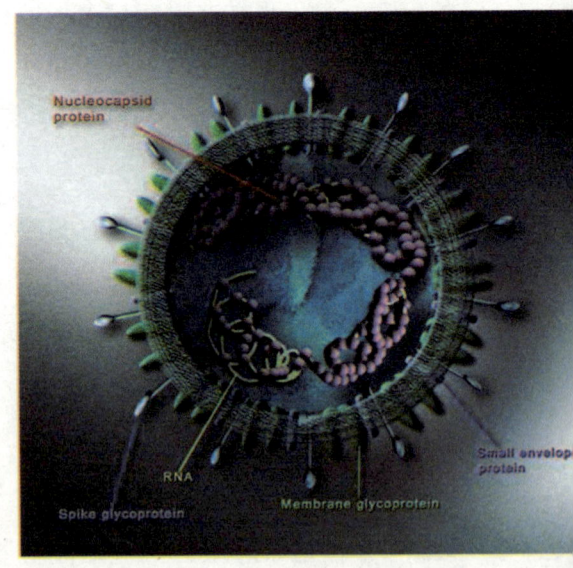

SARS病毒

SARS，是一种因感染 SARS 相关冠状病毒而导致的以发热、干咳、胸闷为主要症状，严重者出现快速进

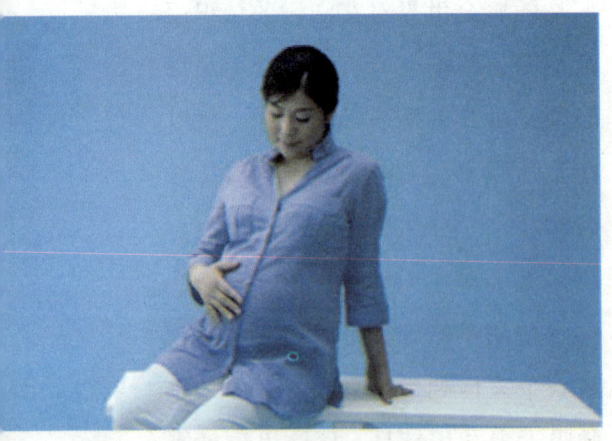

怀　孕

第三章 病毒与细菌

展的呼吸系统衰竭,是一种新的呼吸道传染病,其传染性极强、病情进展快速。

(1) SARS的主要传染途径

① 传染源

目前的研究显示非典型肺炎患者、隐性感染者是非典型肺炎明确的传染源。传染性可能在发热出现后较强,潜伏期以及恢复期是否有传染性还未见准确结论。2003年5月13日,日本冲绳生物资源学院的

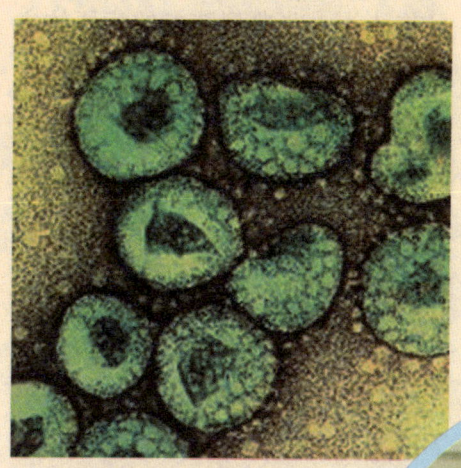

严重性急性呼吸系统

科学家发现,导致严重性急性呼吸系统综合症的作用因子是一种鸟类病毒的变异形式。但动物是否是传染源,目前来说仍有争议。

② 传播方式

SARS主要传播方式是通过人与人的近距离接触,近距离的空气飞沫传播、接触病人的呼吸道分泌物和密切接触等。另一种可能性是SARS可以透过空气或目前不知道的其他方式被更广泛的传播。

③ 易感人群

因为SARS病毒是一种新型的冠状病毒,以往未曾在人体发现。所以不分年龄、性别,人群对该病毒普遍易感。发病概率的大小取决于接触病毒或暴露的机会多少。高危人群是接触病人的医护人员、病人的家属和到过疫区的人。

(2) 非典型肺炎的来源和治疗

传统医学上的非典型肺炎是相

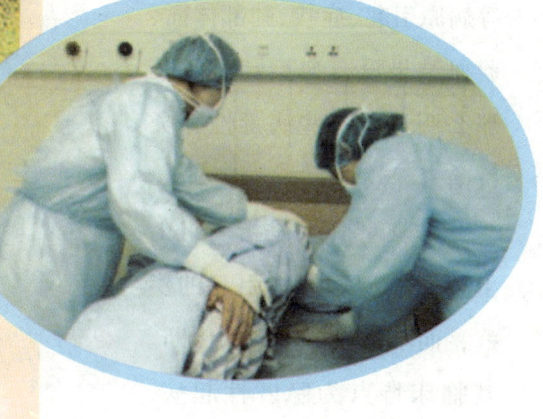

对典型肺炎而言的，典型肺炎通常是由肺炎球菌等常见细菌引起的。症状比较典型，如发烧、胸痛、咳嗽、咳痰等，实验室检查血白细胞增高，抗菌素治疗有效。非典型肺炎本身不是新发现的疾病，它多由病毒、支原体、衣原体、立克次体等病原引起，症状、肺部体征、验血结果没有典型肺炎感染那么明显，一些病毒性肺炎抗菌素无效。

非典型肺炎是指一组由上述非典型病原体引起的疾病，而不是一个明确的诊断。其临床特点为隐匿性起病，多为干性咳嗽，偶见咯血，肺部听诊较少阳性体征；X线胸片主要表现为间质性浸润；其疾病过程通常较轻，患者很少因此而死亡。

非典型肺炎的名称起源于1930年末，与典型肺炎相对应，后者主要为由细菌引起的大叶性肺炎或支气管肺炎。20世纪60年代，将当时发现的肺炎支原体作为非典型肺炎的主要病原体，但随后又发现了其他病原体，尤其是肺炎衣原体。目前认为，非典型肺炎的病原体主要包括肺炎支原体、肺炎衣原体、鹦鹉热衣原体、军团菌和立克次体（引起Q热肺炎），尤以前两者多见，几乎占每年成年人社区获得性肺炎住院患者的1／3。这些病原体大多为细胞内寄生，没有细胞壁，因

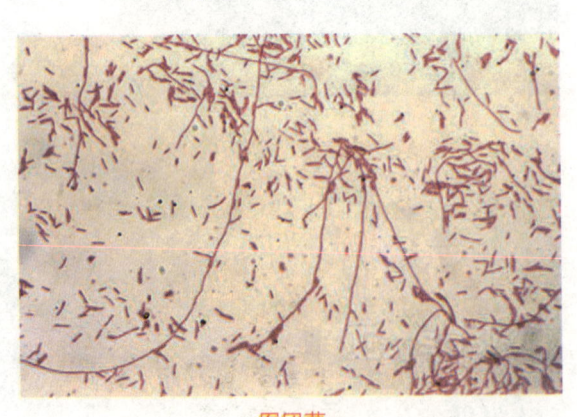

军团菌

第三章 病毒与细菌

此可渗入细胞内的广谱抗生素（主要是大环内酯类和四环素类抗生素）对其治疗有效，而β内酰胺类抗生素无效。而对于由病毒引起的非典型肺炎，抗生素是无效的。传统医学与西医学相结合对本病疗效相对于两种方法单独使用，疗效更好。

（3）防范 SARS 要做到四勤三好

勤洗手：这是预防病毒传染的第一道防线。要时常保持双手洁净，洗手时手心、手背、手腕、指尖、指甲缝都要清洗，肥皂或洗涤液要在手上来回搓 10 至 15 秒，整个搓揉时间不应少于 30 秒，最后用流动水冲洗干净。有条件的，应照此办法重复两到三遍。触摸过传染物品

的手，至少应搓冲五六遍。

勤洗脸：脸部容易寄居病毒，非典型肺炎的病原体主要是通过鼻、咽和眼侵入人体的。洗脸可把病毒

清洗掉，使鼻、口腔和眼等病菌容易侵入的部位保持洁净，大大减少感染的机会。

勤饮水：春季气候多风干燥，空气中粉尘含量高，鼻粘膜容易受损，勤饮水可以使粘膜保持湿润，增强抵抗力。同时，勤饮水还便于及时排泄体内的废物，有利于加强机体的抗病能力。

勤通风：室内经常通风换气，可稀释减少致病的因子。非典型肺

微生物百科——细菌　135

炎是呼吸道传染病，主要通过近距离空气飞沫传播。空气流通后，病原菌的浓度稀释了，感染的可能性就很小。使用空调的房间更要注意定时开窗通风。

口罩戴得好：戴口罩犹如给呼吸道设置了一道"过滤屏障"，使病毒和细菌不能进入人体。但口罩没必要出门就戴，在进入医院看病、探视病人或空气不流通的地方，建议戴上12层以上的棉纱口罩。口罩最好"四小时一更换、一用一消毒"，家庭可用微波炉消毒或用蒸汽熨斗熨烫。

心态调整好：对非典型肺炎我们应正视它的存在，不必恐慌，但也不能掉以轻心，因为它的传染性极强，

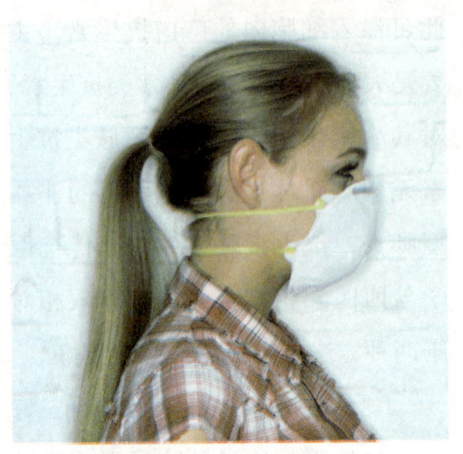

对生命健康会带来一定威胁。只有以健康的、科学的良好心态生活着，我们的免疫系统才会免遭侵袭。

身体锻炼好：人体的各个器官、组织、细胞的新陈代谢需要通过运动进行。大家应积极参加体育锻炼，外出旅游，多到户外、郊外呼吸新鲜空气，但要注意根据气候变化增减衣服，合理安排运动量。

第三章 病毒与细菌

禽流感的相关知识

由于禽流感是由 A 型流感病毒引起的家禽和野禽的一种从呼吸病到严重性败血症等多种症状的综合病症，目前在世界上许多国家和地区都有发生，给养禽业造成了巨大的经济损失。这种禽流感病毒，主要引起禽类的全身性或者呼吸系统性疾病，鸡、火鸡、鸭和鹌鹑等家禽及野鸟、水禽、海鸟等均可感染，发病情况从急性败血性死亡到无症状带毒等极其多样，主要取决于带病体的抵抗力及其感染病毒的类型及毒力。

禽流感病毒不同于 SARS 病毒，禽流感病毒迄今只能通过禽传染给人，不能通过人传染给人。感染人的禽流感病毒 H5N1 是一种变异的新病毒，并非是在鸡鸭鸟中流行了几十年的禽流感 H5N2，所以无须谈禽流感色变。目前没有发现吃鸡造成禽流感 H5N1 传染人的，都是和鸡的密切接触，可能与病毒直接吸入或者进入黏膜等原因造成感染。

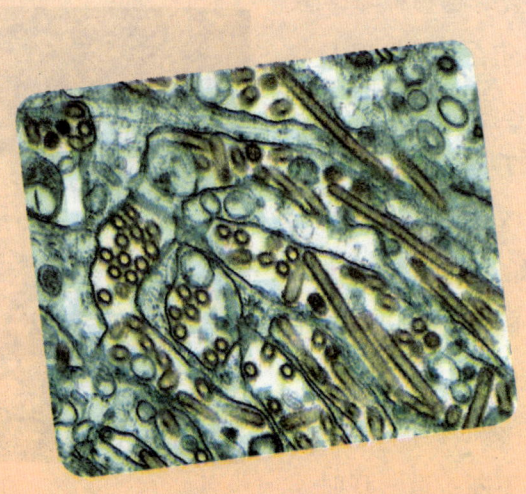

◆禽流感

禽流感，全名鸟禽类流行性感冒，是由病毒引起的动物传染病，通常只感染鸟类，少见情况会感染至东欧多个国家亦有案例。

（1）禽流感简介

禽流感是禽流行性感冒的简称，它是一种由甲型流感病毒的一种亚型（也称禽流感病毒）引起的传染性疾病，被国际兽疫局定为甲类传染病，又称真性鸡瘟或欧洲鸡瘟。按病原体类型的不同，禽流感可分为高致病性、低致病性和非致病性禽流感三大类。非致病性禽流感不会引起明显症状，仅使染病的禽鸟体内产生病毒抗体。低致病性禽流感可使禽类出现轻度呼吸道症状，食量减少，产蛋量下降，出现零星死亡。高致病性禽流感最为严重，发病率和死亡率均高，人类

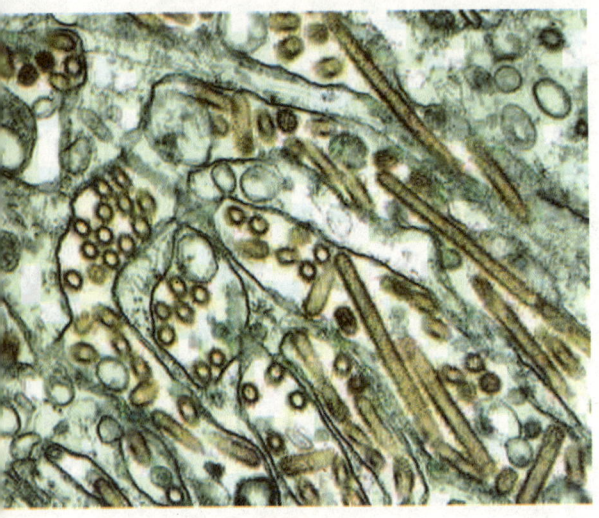

禽流感

猪。禽流感病毒高度针对特定物种，但在罕有情况下会跨越物种障碍感染人。自从1997年在香港发现人类也会感染禽流感之后，此病症引起全世界卫生组织的高度关注。其后，本病一直在亚洲区零星爆发，但在2003年12月开始，禽流感在东亚多国，主要在越南、韩国、泰国严重爆发，并造成越南多名病人丧生。直到2005年中，疫症不单未有平息的迹象，而且还不断扩散。现时远

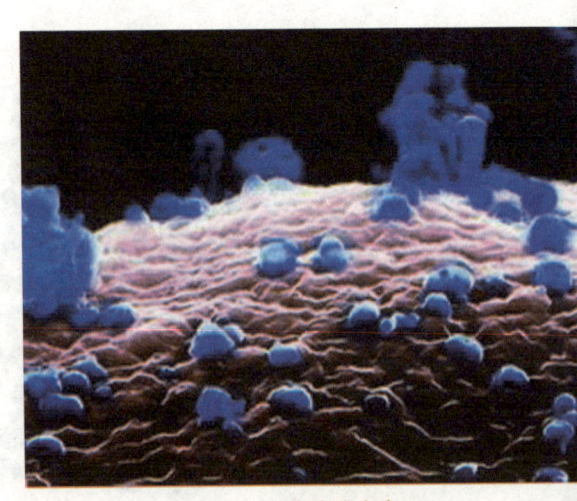

禽流感病毒

第三章　病毒与细菌

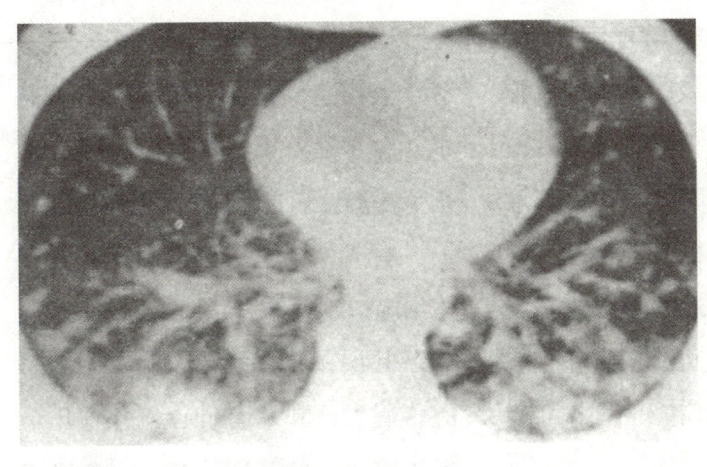

肺 炎

感染高致病性禽流感死亡率约是60%，家禽鸡感染的死亡率几乎是100%，无一幸免。

禽流感不仅在禽类感染，也能感染人类，人感染后的症状主要表现为高热、咳嗽、流涕、肌痛等，多数伴有严重的肺炎，严重者心、肾等多种脏器衰竭导致死亡，病死率很高，通常人感染禽流感死亡率约为33%。此病可通过消化道、呼吸道、皮肤损伤和眼结膜等多种途径传播，区域间的人员和车辆往来是传播本病的重要途径。

（2）禽流感的症状

禽流感的症状依感染禽类的品种、年龄、性别、并发感染程度、病毒毒力和环境因素等而有所不同，主要表现为呼吸道、消化道、生殖系统或神经系统的异常。

常见症状有：病鸡精神沉郁，饲料消耗量减少，消瘦；母鸡的就巢性增强，产蛋量下降；轻度直至严重的呼吸道症状，包括咳嗽、打喷嚏和大量流泪；头部和脸部水肿，神经紊乱和腹泻。

这些症状中的任何一种都可

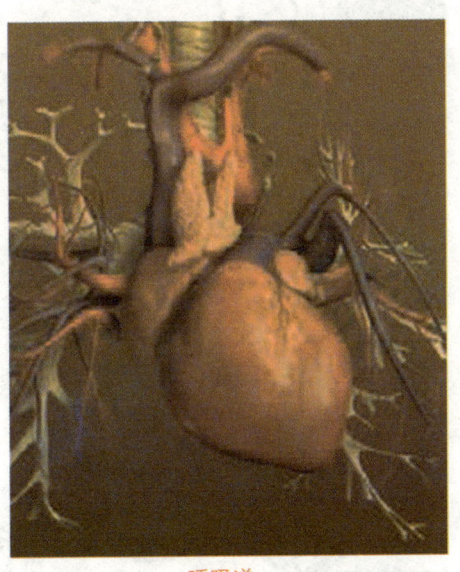

呼吸道

微生物百科——细菌

能单独或以不同的组合出现。有时疾病暴发很迅速，在没有明显症状时就已发现鸡死亡。另外，禽流感的发病率和死亡率差异很大，取决于禽类种别和毒株以及年龄、环境和并发感染等，通常情况为高发病率和低死亡率。在高致病率病毒感染时，发病率和死亡率可达100%。

禽流感潜伏期从几小时到几天不等，其长短与病毒的致病性、感染病毒的剂量、感染途径和被感染禽的品种有关。

（3）禽流感与人类

人类感染禽流感病毒的概率很小，主要是由于三个方面的因素阻止了禽流感病毒对人类的侵袭。

首先，禽流感病毒不容易被人体细胞识别并结合；

其次，所有能在人群中传播的流感病毒，其基因组必须含有几个人流感病毒的基因片断，而禽流感病毒没有；

最后，高致病性的禽流感病毒由于含碱性氨基酸数目较多，使其在人体内的复制比较困难。

第三章 病毒与细菌

禽流感的预防

（1）加强禽类疾病的监测，一旦发现禽流感疫情，动物防疫部门立即按有关规定进行处理。养殖和处理的所有相关人员做好防护工作。

（2）加强对密切接触禽类人员的监测。当这些人员中出现流感样症状时，应立即进行流行病学调查，采集病人标本并送至指定实验室检测，以进一步明确病原，同时应采取相应的防治措施。

（3）接触人禽流感患者应戴口罩、戴手套、穿隔离衣。接触后应洗手。

（4）要加强检测标本和实验室禽流感病毒毒株的管理，严格执行操作规范，防止医院感染和实验室的感染及传播。

（5）注意饮食卫生，不喝生水，不吃未熟的肉类及蛋类等食品；勤洗手，养成良好的个人卫生习惯。

（6）养成早晚洗鼻的良好卫生习惯，保持呼吸道健康，增强呼吸道抵抗力。

（7）药物预防对密切接触者必要时可试用抗流感病毒药物或按中医药辨证施防。

（8）别去疫区旅游。

（9）重视高温杀毒。

◆ 霍乱

霍乱是一种急性腹泻疾病，由不洁的海鲜食品引起，病发高峰期在夏季，能在数小时内造成腹泻脱水甚至死亡。霍乱是由霍乱弧菌所引起的，通常是血清型O1的霍乱弧菌所致，但是在1992年曾经有O139的新血清型造成流行。霍乱弧菌存在于水中，最常见的感染原因是食用被病人粪便污染过的水。霍乱弧菌能产生霍乱毒素，造成分泌性腹泻，即使不再进食也会不断腹泻，洗米水状的粪便是霍乱的特征。

霍乱早期译作虎力拉，是由霍乱弧菌所致的烈性肠道传染病，临床上以剧烈无痛性泻吐，米泔样大便，严重脱水，肌肉痛性痉挛及周围循环衰竭等为特征。霍乱弧菌包括两个生物型，即古生物型和埃尔托生物型。过去把前者引起的疾病称为霍乱，把后者引起的疾病称为副霍乱。1962年世界卫生大会决定将副霍乱列入《国际卫生条例》检疫传染病"霍乱"项内，并与霍乱同样处理。解放后我国已消灭本病，但国外仍有不断发生和流行，因此必须随时警惕本病的发生，认真做好预防工作。霍乱为我国法定的甲级烈性传染病，要求在发现确诊或疑似病例后2小时内上报。

霍乱弧菌为革兰氏染色阴性，对干燥、日光、热、酸及一般消毒剂均敏感。霍乱弧菌产生致病性的是内毒素及外毒素，正常胃酸可杀死弧菌，当胃酸暂时低下时或入侵病毒菌数量增多时，未被胃酸杀死的弧菌就时入小肠，在碱性肠液内迅速繁殖，并产生大量强烈的外毒素。这种外毒素具有ADP-核糖转移酶活性，进入细胞催化胞内的NAD+的ADP核糖基共价结合亚基

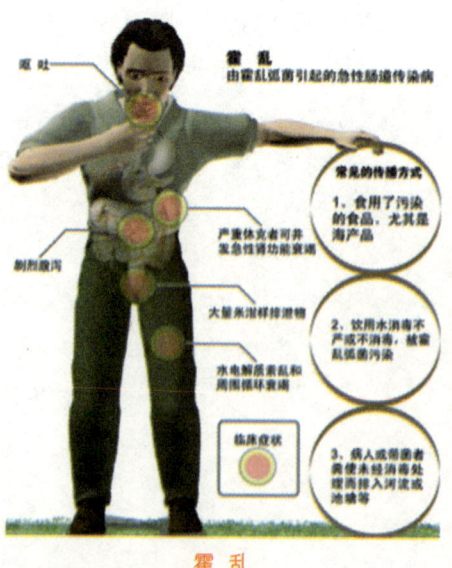

霍乱

第三章 病毒与细菌

上后，会使这种亚基不能将自身结合的 GTP 水解为 GDP，从而使这种亚基处于持续活化状态，不断激活腺苷酸环化酶，致使小肠上皮细胞中的 cAMP 水平增高，导致细胞大量钠离子和水持续外流。这种外毒素对小肠粘膜的作用引起肠液的大

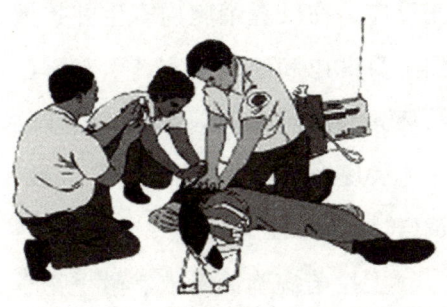

休 克

量分泌，其分泌量很大，超过肠管再吸收的能力，在临床上出现剧烈泻吐，严重脱水，致使血浆容量明显减少，体内盐分缺乏，血液浓缩，出现周围循环衰竭。由于剧烈泻吐，电解质丢失、缺钾缺钠、肌肉痉挛、酸中毒等甚至发生休克及急性肾功衰竭。

◆ 土拉菌病

土拉菌病（兔热病）是一种由扁虱或苍蝇传播的啮齿动物的急性传染病。土拉菌可以被用作生物战中的致病病菌，感染者会出现高烧、浑身疼痛、腺体肿大和咽食困难等症状。利用抗生素可以很容易治疗这种疾病。

土拉菌病是由土拉弗朗西斯菌引起的多种野生动物、家畜及人共患病，亦称野兔热。临床上以体温升高、淋巴结肿大、脾和其他内脏坏死为特征。

土拉弗朗西斯菌为革兰氏阴性球杆菌，菌体大小为 0.3～0.5 微米，培养物涂片，菌体呈小球形；

扁虱

动物组织涂片，菌体呈球杆状。从脏器或菌落制备的涂片做革兰氏染色，可以看到大量的黏液连成一片呈薄细网状复红色，菌体为玫瑰

色，此点为本菌形态学的重要特征。本菌对低温具有特殊的耐受力，在0℃以下的水中可存活9个月，在20℃～25℃水中可存活1至2个月，而且毒力不发生改变。对热和化学消毒剂抵抗力较弱。

土拉弗朗西斯菌的储存宿主主要是家兔和野兔（A型）以及啮齿动物（B型）。A型主要经蜱和吸血昆虫传播，而被啮齿动物污染的地表水是B型的重要传染来源。家禽也

可能作为本菌的储存宿主。在有本病存在的地区，绵羊比较容易被感染，主要经蜱和其他吸血昆虫叮咬传播。犬极少有感染的报道，但猫对土拉热菌病易感，经吸血昆虫叮咬、捕食兔或啮齿动物而被感染，甚至被已感染猫咬伤等途径均可感染。人因接触野生动物或病畜而感染。本病出现季节性发病高峰往往与媒介昆虫的活动有关，但秋冬季也可发生水源感染。

土拉弗朗西斯菌通过黏膜或昆虫叮咬侵入临近组织后引起炎症病变反应，在巨噬细胞内寄生并扩散到全身淋巴和组织器官，引起淋巴结坏死和肝脏、脾脏脓肿。猫在临床上表现为发热、精神沉郁、厌食、黄疸，最终死亡。

土拉菌病确诊需依靠微生物学检查。由于本菌可感染人，因此，采样时应采取适当的防护措施，避免直接接触临床病猫的口腔分泌物和渗出液。

◆ 病毒性脑炎

病毒性脑炎是由病毒引起的中枢神经系统感染性疾病。病情轻重不等，轻者可自行缓解，危重者呈急进性过程，可导致死亡及后遗症。

病毒性脑炎是指病毒直接侵犯脑实质而引起的原发性脑炎。该病一年四季均有发生，故又称散发性

第三章 病毒与细菌

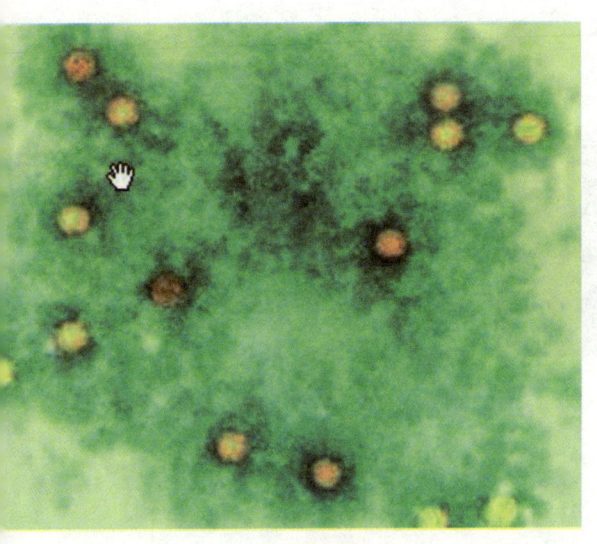

肠道病毒

吵乱叫,或不省人事;有的则出现手、脚瘫痪。也由于感染的病毒的种类不同,临床表现亦有轻有重,预后也各异。轻型病人,甚至危重病人,只要及时治疗预后将是良好的;若病情危重又不及来医院抢救,后果将是严重的,可导致死亡或留有严重的后遗症,如瘫痪、智力低下、继发癫痫等。

脑炎。引起脑炎常见的病毒有肠道病毒、单纯胞疹病毒、粘液病毒和其他一些病毒。临床上主要表现为脑实质损害的症状和颅内高压征,如发热、头痛、呕吐、抽搐,严重者出现昏迷。但由于病毒侵犯的部位和范围不同,病情可轻重不一,形式亦多样。有的病儿表现为精神改变,如整天想睡,精神差,或乱

◆ **病毒性脑膜炎**

病毒性脑膜炎是由多种不同病毒引起的中枢神经系统感染性疾病,又称无菌性脑膜炎或浆液性脑膜炎,本病见于世界各地。临床表现类同,主要侵袭脑膜而出现脑膜刺激征,

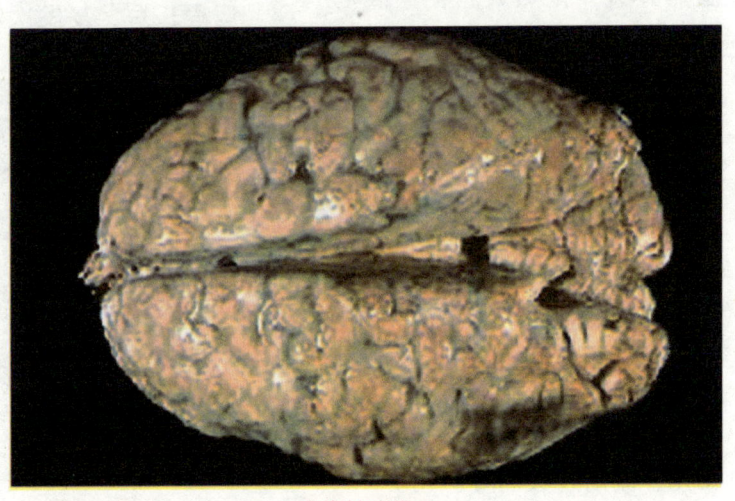

病毒性脑膜炎

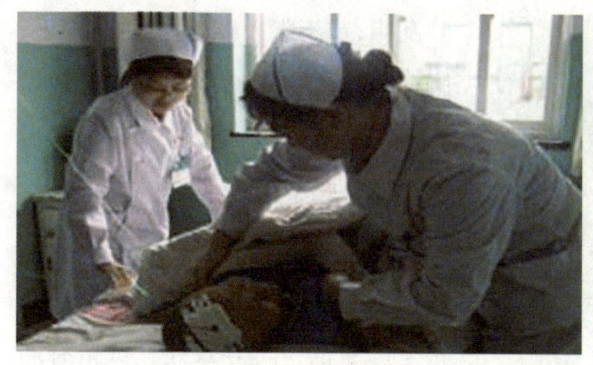

病毒性脑膜炎患者

脑脊液中有以淋巴细胞为主的白细胞增多。病程呈良性，多在2周以内，一般不超过3周，有自限性，预后较好，多无并发症。病毒侵犯脑膜同时若亦侵犯脑实质则形成脑膜脑炎。根据病情情况可呈大小不同的流行，亦可散在发病。一般认为本病属中医学温病、痉证范畴，乃由温热外袭，化热入营，蒙闭心窍，引动肝风所致。

◆ **病毒性角膜炎**

病毒性角膜炎是受病毒致病原感染角膜而引起的炎症。角膜浅层有丰富的三叉神经末梢，故该病常有明显的刺激症状，有畏光、流泪、酸痛等。角膜本属透明，一旦有病，则其透明度发生改变，病人常主诉有视物模糊。该病一般沿三叉神经发病，病变部位侵犯较深，其感觉减退，但因炎症刺激角膜病变的邻近组织，因此刺激症状仍较明显。病毒性角膜炎，病程较长，愈后且易复发。常可伴有葡萄膜反应，甚至出现虹膜睫状体炎、前房积脓，或继发青光眼，是临床上较为常见的致盲眼病之一。

病毒性角膜炎可由多种病毒引起，其临床表现轻重不等，对视力的损害程度视病变位置、炎症轻重、病程长短、复发次数和有无混合感

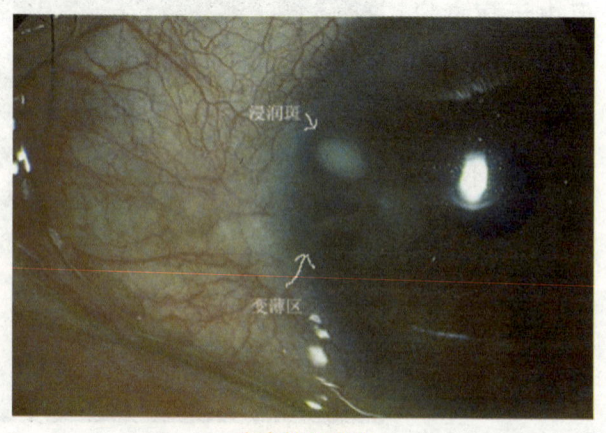

病毒性角膜炎

第三章 病毒与细菌

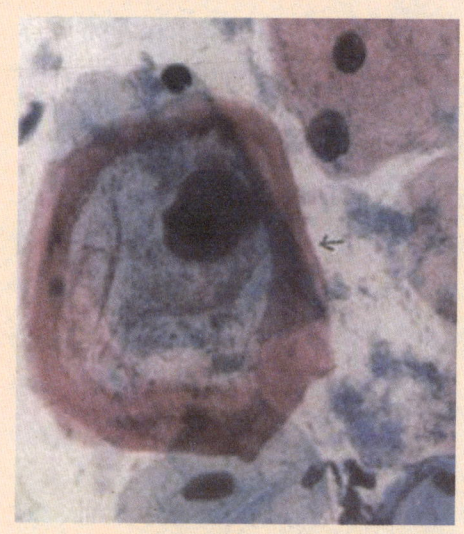

单纯疱疹角膜炎

染而不同。临床上常见的病毒性角膜炎有单纯疱疹性角膜炎、牛痘性角膜炎、带状疱疹性角膜炎等。

（1）单纯疱疹角膜炎：为单纯疱疹病毒引起的角膜炎，按抗原性及生物学特性将病毒区分为Ⅰ型和Ⅱ型。单疱病毒引起的角膜病变可侵及角膜各层，且相互转化，多见的典型形态为树枝状、地图状、盘状、角膜色素膜炎等。

（2）牛痘性角膜炎：由牛痘苗感染引起的角膜炎，多见牛痘苗溅入眼内，或经污染痘疹脓液的手指带入眼内而致病。一般经3天潜伏期即发病，除表现为结膜及眼睑的牛痘疹外，约有30%发生角膜炎。以表层角膜炎及浅层角膜溃疡为主，基质层及盘状角膜炎为少。20世纪80年代以来，全世界已消灭了天花，故已废弃牛痘接种，今后本病也将绝迹。

（3）带状疱疹性角膜炎：为水痘-带状疱疹病毒侵犯三叉神经眼支所致浅层树枝状或基质性角膜炎，伴有剧烈神经痛，分布区域皮肤上有串珠状疱疹。带状疱疹病毒与水痘病毒属同一种病毒，所以又称V-2病毒。带状疱疹病毒性角膜炎为潜

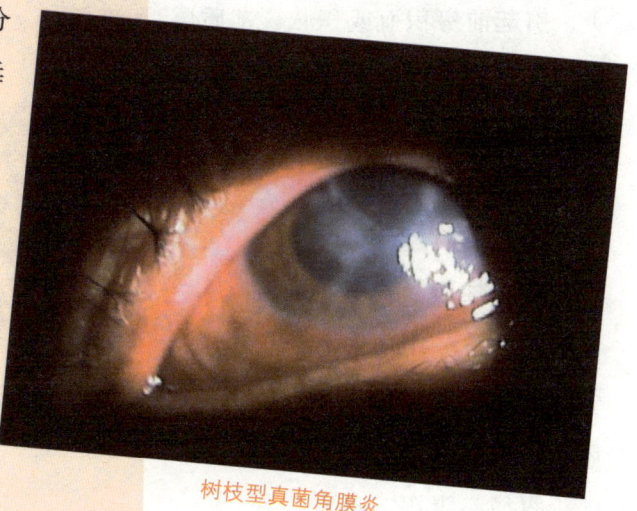

树枝型真菌角膜炎

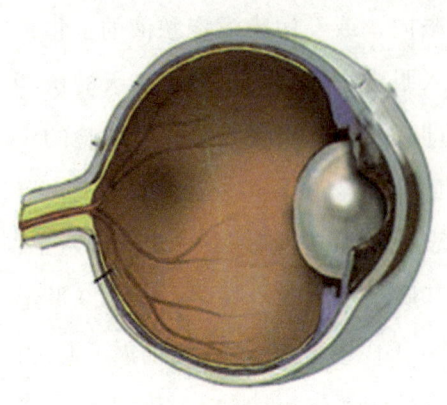

葡萄膜炎

伏性病毒感染疾病，静止期带状疱疹病毒潜伏于三叉神经节中，在机体细胞免疫力下降及外界刺激诱发下而复发。此种角膜炎可表现为点状、钱状、树枝状及基质层角膜炎、盘状角膜炎等。该病常并发于眼睑带状疱疹，同时伴有较重的葡萄膜炎，引起前房积血或积脓，基质层浑浊区内常有类固醇沉积物，虹膜可有萎缩。

◆ **病毒性胃肠炎**

病毒性胃肠炎又称病毒性腹泻，是一组由多种病毒引起的急性肠道传染病。临床特点为起病急、恶心、呕吐、腹痛、腹泻，排水样便或稀便，也可有发热及全身不适待症状，病程短，病死率低。各种病毒所致胃肠炎的临床表现基本类似。与急性胃肠炎有关的病毒种类较多，其中较为重要的、研究较多的是轮状病毒和诺沃克类病毒与急性胃肠炎有关的病毒种类较多，其中较为重要的、研究较多的是轮状病毒和诺沃克类病毒。此外，嵌杯样病毒、肠腺病毒、星状病毒、柯萨奇病毒、冠状病毒等亦可引起胃肠炎。

轮状病毒胃肠炎是病毒性胃肠炎中最常见的一种。普通轮状病毒主要侵犯婴幼儿，而成人腹泻轮状病毒则可引起青壮年胃肠炎的暴发流行。

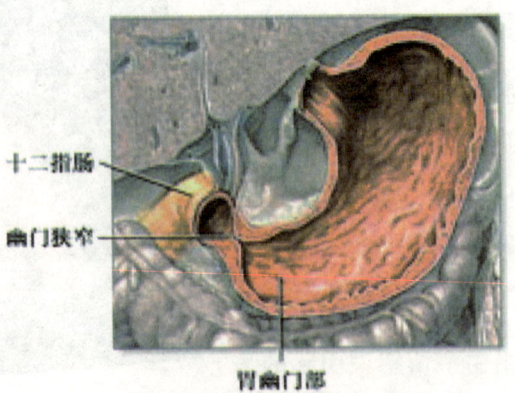

病毒性胃肠炎

第三章 病毒与细菌

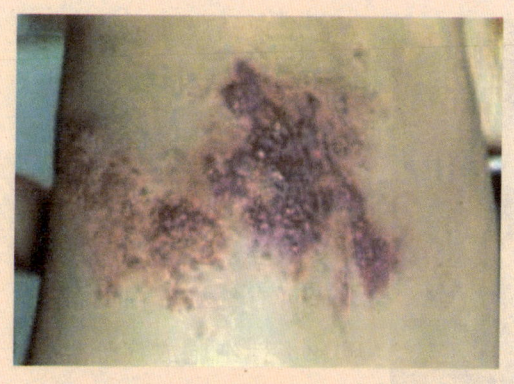
病毒性疱疹

◆病毒性疱疹

病毒性疱疹是一种由病毒性疱疹病毒所致的病毒性皮肤病。分单纯性疱疹和带状疱疹，单纯性疱疹是一种单纯疱疹病毒所致的皮肤病，好侵犯于皮肤粘膜交界处，表现为局限性簇集性小疱，带状疱疹则是由疱疹病毒引起的，沿一侧周围神经带状分布的密集性小水疱及神经痛，局部淋巴肿大为主要特征的急性病毒性皮肤病。

◆病毒性软疣

病毒性软疣俗称"水猴子"，中医称为鼠乳，是一种病毒性传染性皮肤病。本病的传染途径可有直接接触和间接接触，直接接触也包括了性接触的内容。对于成人发生于阴股部的传染性软疣多是由于性接触引起的，故世界卫生组织将其列入性传播性疾病之中。传染性软疣可以发生于身体任何部位，儿童及非性接触感染的成人以颈、背、面部、四肢、臀部多见，经性接触传染者好发于生殖器部位、耻骨、大腿内侧，同性恋者好发于肛周。好发于外生殖器、耻骨区、肛周、腹股沟及胸背部。

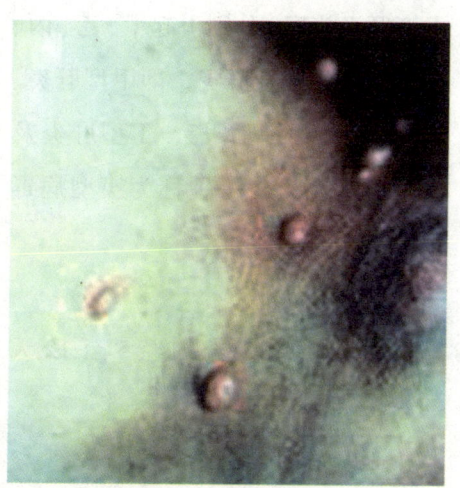
病毒性软疣

◆病毒性肝炎

病毒性肝炎是由多种不同肝炎病毒引起的一组以肝脏危害为主的传染病。根据病原学诊断，肝炎病毒至少有5种，即甲、乙、丙、丁、

微生物百科——细菌 149

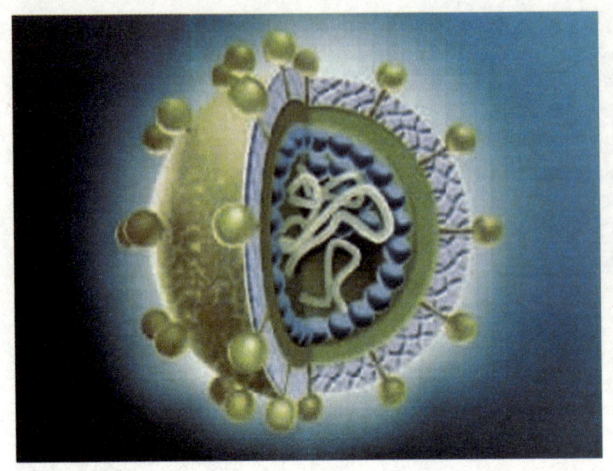

丙型肝炎病毒

戊型肝炎病毒,分别引起甲、乙、丙、丁、戊型病毒性肝炎,即甲型肝炎、乙型肝炎、丙型肝炎、丁型肝炎及戊型肝炎。另外一种称为庚型病毒性肝炎,较少见。

◆ **病毒性结膜炎**

病毒性结膜炎约经5至12天的潜伏期后出现症状,包括结膜充血、水样分泌物、眼部刺激和睡醒时上下眼睑粘住。常双眼出现症状,而通常一眼先开始。许多感染病毒性结膜炎的病人眼球结膜和睑结膜充血,睑结膜出现结膜滤泡,耳前淋巴结肿大和疼痛。

严重的病毒性结膜炎病人可诉有明显畏光和异物感,病人的结膜表面可有纤维蛋白的假膜和炎性细胞或病灶性角膜炎症。甚至结膜炎消退后,用裂隙灯检查可见残留的角膜瘢痕形成(0.5~1.0毫米)达2年或2年以上。此角膜瘢痕形成偶可引起视力减退和显著的眩光。

虽然病毒性结膜炎可采用培养方法,但需应用特殊的组织培养设备以使病毒生长,继发性细菌感染极少见。如果出现的任何成分例如

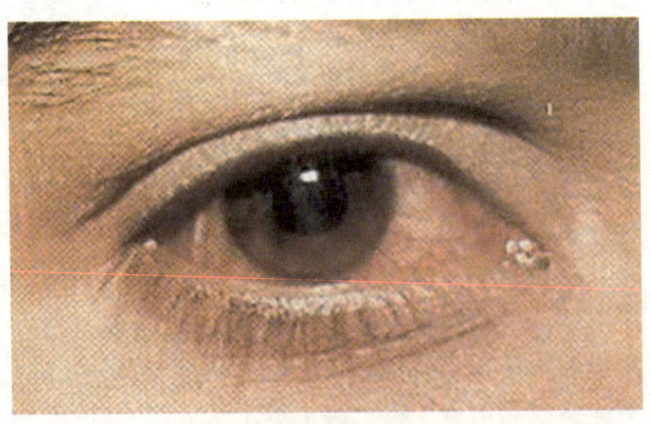

病毒性结膜炎

第三章 病毒与细菌

脓性分泌物与细菌性结膜炎相一致，则须作细菌培养。可用显微镜检查涂片且用革兰氏染色以辨认细菌和用吉姆萨染色以确定白细胞反应。

◆ 病毒性心肌炎

病毒性心肌炎是指人体感染嗜心性病毒，引起心肌非特异间质性炎症。可呈局限性或弥漫性，病程可以是急性、亚急性或慢性。急性病毒性心肌炎患者多数可完全恢复正常，很少发生猝死，一些慢性发展的病毒性心肌炎可以演变为心肌病。部分患者在心肌疤痕明显形成后，留有后遗症表现：一定程度的心脏扩大、心功能减退、心律失常或心电图持续异常。

病毒性心肌炎是病毒所引起的心肌急或慢性炎症。一般是在病毒感染（如感冒、咽痛、腹泻等）后的1至3周内发生。导致心肌炎的病毒有多种，主要经呼吸道或肠道感染，少数肝炎患者可发生心肌炎。病毒可直接损伤心肌，也可通过免

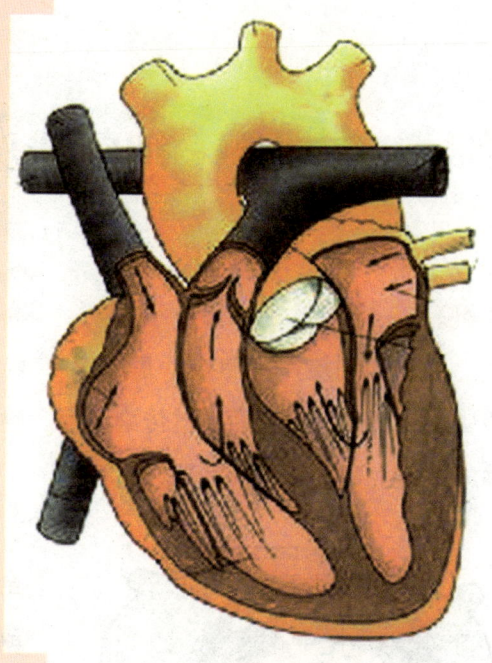

病毒性心肌炎

疫机制导致心肌炎症。

病毒性心肌炎常因胸痛或心悸引起注意，心电图检查可发现心律失常或心肌损伤，抽血进行病原学、心肌酶谱检查或作心肌活检有助于进一步诊疗。

病毒性心肌炎病情轻重相差悬殊。轻者，患者无任何不适，或心脏偶有早搏；重者，有严重心律失常、心力衰竭，甚至危及生命。重度心肌炎容易诊断，而轻度心肌炎则很难确诊，仅有早搏而诊断心肌炎者，多为臆测性诊断。

微生物百科——细菌

细菌性疾病

◆ 细菌性痢疾

细菌性痢疾简称菌痢,是志贺菌属(痢疾杆菌)引起的肠道传染病。临床表现主要有发冷、发热、腹痛、

腹泻、里急后重、排粘液脓血样大便。中毒型菌痢起病急骤、突然高热、反复惊厥、嗜睡、昏迷、迅速发生循环衰竭和呼吸衰竭,而肠道症状轻或缺如,病情凶险。菌痢常年散发,夏秋多见,是我国的常见病、多发病。本病有有效的抗菌药治疗,治愈率高。疗效欠佳或慢性变多是因为未经正规治疗、未及时治疗、使用药物不当或耐药菌株感染。

(1) 细菌性痢疾的病状分类

①急性菌痢:急性菌痢主要有全身中毒症状与消化道症状,可分成四型:

普通型:起病急,有中度毒血症表现,怕冷、发热达39℃、乏力、食欲减退、恶心、呕吐、腹痛、腹泻、里急后重。稀便转成脓血便,每日数十次,量少,失水不显著。一般病程10至14天。

轻型:全身中毒症状、腹痛、

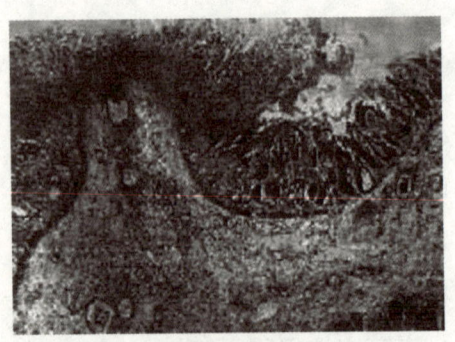

细菌性痢疾

里急后重均不明显，可有低热、糊状或水样便，混有少量粘液，无脓血，一般每日10次以下。粪便镜检有红、白细胞，培养有痢疾杆菌生长，可以此与急性肠炎相鉴别。一般病程3至6天。

重型：有严重全身中毒症状及肠道症状。起病急、高热、恶心、呕吐、剧烈腹痛及腹部（尤为左下腹）压痛，里急后重明显，脓血便，便次频繁，甚至失禁。病情进展快，明显失水，四肢发冷，极度衰竭，易发生休克。

中毒型：此型多见于2至7岁体质好的儿童。起病急骤，全身中毒症状明显，高热达40℃以上，而肠道炎症反应极轻。这是由于痢疾杆菌内毒素的作用，并且可能与某些儿童的特异性体质有关。中毒型菌痢又可根据不同的临床表现分为三型：休克型（主要表现为周围循环衰竭，口唇及肢端青紫，皮肤呈花斑状，血压降低，少尿、无尿，不同程度的意识障碍，甚至昏迷）、脑水肿型（颅压增高，血压升高，嗜睡，反复呕吐、惊厥，面色苍白，继而昏迷，呼吸衰竭）及混合型（是以上两型的综合表现，最为严重）。由于中毒型的肠道症状不明显，极

菌 痢

易误诊。

②慢性菌痢：慢性菌痢是指菌痢患者反复发作或迁延不愈达2个月以上者。部分病例可能与急性期治疗不当或致病菌种类（弗氏菌感染易转为慢性）有关，也可能与全身情况差或胃肠道局部有慢性疾患有关。主要病理变化是结肠溃疡性病变，溃疡边缘可有息肉形成，溃疡愈合后留有瘢痕，导致肠道狭窄，若瘢痕正在肠腺开口处，可阻塞肠腺，导致囊肿形成，其中贮存的病原菌可因囊肿破裂而间歇排出。分型如下：

慢性隐伏型：病人有菌痢史，但无临床症状，大便病原菌培养阳性，作乙状结肠镜检查可见菌痢的表现。

慢性迁延型：病人有急性菌痢史，长期迁延不愈，腹胀或长期腹泻，粘液脓血便，长期间歇排菌。为重要的传染源。

慢性型急性发作：病人有急性菌痢史，急性期后症状已不明显，受凉、饮食不当等诱因致使症状再现，但较急性期轻。

（2）细菌性痢疾的治疗手段

①急性菌痢的治疗：一般治疗卧床休息、消化道隔离。给予易消化、高热量、高维生素饮食。对于高热、腹痛、失水者给予退热、止痉、口服含盐米汤或给予细菌性痢疾口服补液盐，呕吐者需静脉补液，每日1500～3000毫升。病原治疗由于耐药菌株增加，最好应用两种或两种以上的抗菌药物。

②中毒性菌痢的治疗：可服用抗感染选择敏感抗菌药物，联合用药，静脉给药。待病情好转后改口服，控制高热与惊厥，防治脑水肿与呼

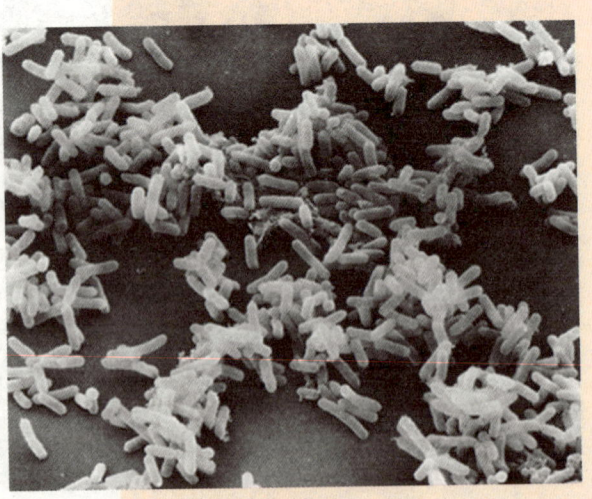

大肠杆菌

第三章 病毒与细菌

吸衰竭。

③慢性菌痢的治疗：寻找诱因，对症处置。避免过度劳累，勿使腹部受凉，勿食生冷饮食，体质虚弱者应及时使用免疫增强剂。当出现肠道菌群失衡时，切忌滥用抗菌药物，立即停止耐药抗菌药物使用。改用酶生或乳酸杆菌，以利肠道厌氧菌生长。对于肠道粘膜病变经久有愈者，同时采用保留灌肠疗法。

◆ 细菌性脑膜炎

细菌性脑膜炎是一类严重感染性疾病，病死率和后遗症发生率高。在充分考虑病原学特点和抗菌药物、药理特性的基础上进行及时、有效的抗菌治疗，是提高治愈率、降低病死率和减少后遗症的保证。

细菌性脑膜炎是中枢神经系统严重的感染性疾病，成人常见，儿童患者尤多。许多细菌均可引起本病，其中脑膜炎球菌所致者最多，依次为流感杆菌、肺炎球菌、大肠杆菌及其他革兰阳性杆菌、葡萄球菌、李司忒菌、厌氧菌等。

（1）细菌性脑膜炎的症状

所谓细菌性脑膜炎，可由细菌或病毒感染所致。病毒性脑膜炎的症状非常轻微，然而细菌性脑膜炎的症状就可能会危及生命。5岁以下的孩子最容易发生此症，且通常都以散发病例出现。

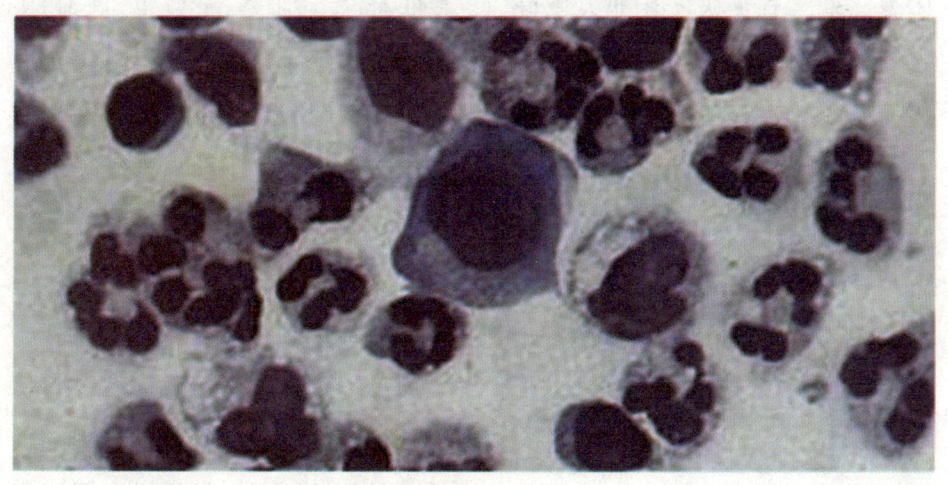

细菌性脑膜炎

婴儿早期阶段的症状包括：嗜睡、发烧、呕吐、拒绝饮食、啼哭增加，睡不安稳。较大的患儿还可能出现：严重头痛、讨厌强光和巨大声音、肌肉僵硬，特别是颈部。

各年龄层的病例中，一般是出现初始症状后就会发生进行性嗜睡，偶尔也可能会出现昏迷或惊厥等症状。有些患有脑膜炎患儿也可能会出现特殊的皮疹（呈粉红或紫红色、扁平、指压不褪色）。

（2）细菌性脑膜炎的注意事项

新生儿应注意常有败血症或神经系统先天性缺陷。询问其母有无重症感染、绒毛膜炎、早期破水、产程过长或产道感染史。注意患儿体温高低，有无吸吮困难、呕吐、腹泻、活动减少、哭声尖或不哭、烦躁不安、呼吸不规则或呼吸困难、

阵发性窒息、惊厥、黄疸、发绀等情况。

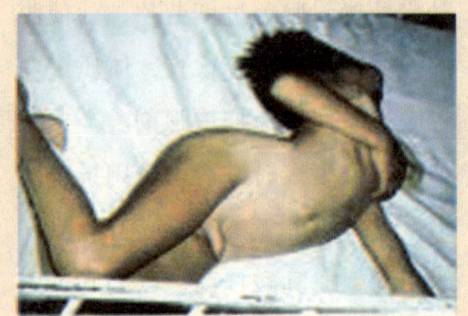
角弓反张

新生儿和儿童应注意病前数日有无呼吸道或消化道感染史，常为急性起病，易激动、突然尖叫、呆视、发热、头痛、呕吐、食欲不振、精神萎靡、惊厥、嗜睡、谵妄、昏迷。仔细检查有无外耳道溢脓和乳突炎、皮肤淤点、脓疱疹、心跳快、脉细弱、血压低、呼吸节律不齐、瞳孔大小不等、肝脾肿大、皮肤划痕试验阳性、膝反射亢进、前囟饱满、角弓反张、脑膜刺激征、颅内压增高征；眼底检查有无视乳头水肿、动脉痉挛、出血点等。

有以下情况者应考虑有硬脑膜下积液存在脑膜炎呈慢性过程。急性化脓性脑膜炎，经积极合理治疗

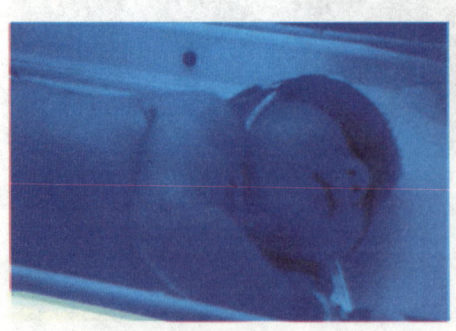
黄疸

第三章　病毒与细菌

而体温不降；病情好转后又出现高热、呕吐、嗜睡、昏迷、惊厥等症状；头围增大，前囟持续或反复隆起；有局灶性神经体征。宜作颅骨透照或硬膜下穿刺或行CT、磁共振检查。

检验白细胞计数及碱性磷酸酶染色积分、皮肤淤点涂片找细菌。脑脊液检查，包括压力、常规、生化、细菌培养和涂片染色查病菌，有条件时行常见菌的对流免疫电泳及免疫荧光检查。乳酸盐、LDH及免疫球蛋白测定。血清钠、氯，尿钠及渗透压测定等，并酌情复查。

鉴别诊断本病应与结核性脑膜炎、乙脑、流脑及中毒性脑病等鉴别。

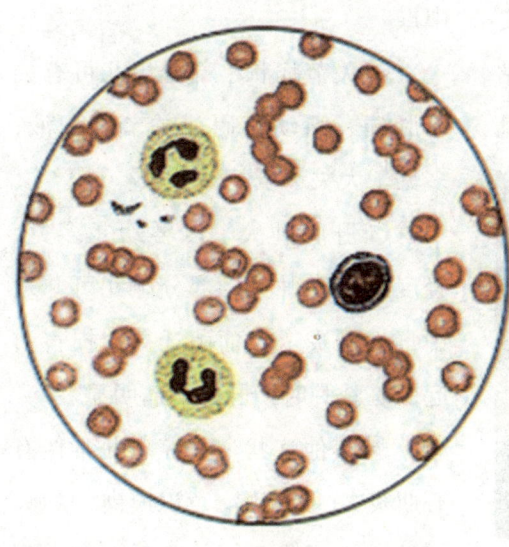

白细胞

◆ 败血症

败血症是指细菌进入血液循环，并在其中生长繁殖、产生毒素而引起的全身性严重感染。临床表现为发热、严重毒血症状、皮疹瘀点、

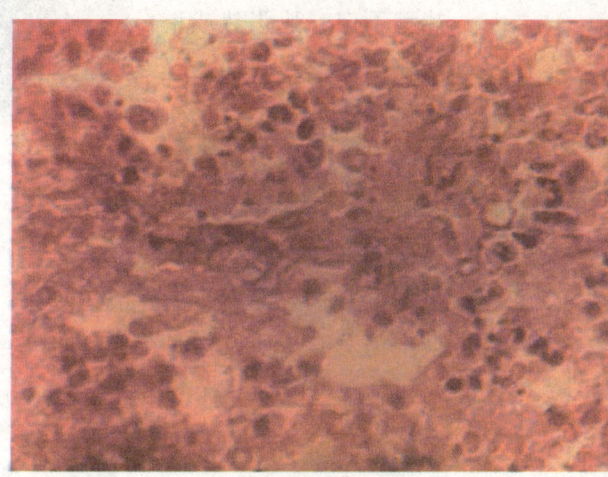

败血症显微图

肝脾肿大和白细胞数增高等。分革兰阳性球菌败血症、革兰阴性杆菌败血症和脓毒败血症。败血症以抗生素治疗为主，辅以其他治疗方法。预防措施为避免皮肤粘膜受损，防止细菌感染。

（1）败血症的临床表现

败血症的临床表现随致病菌的种类、数量、毒力以及患儿年龄和抵抗力的强弱不同而异。轻者仅有一般感染症状，重者可

微生物百科——细菌　157

发生感染性休克、DIC、多器官功能衰竭等。

①感染中毒症状：大多起病急骤，先有畏寒或寒战，继之高热、热型不定、弛张热或稽留热；体弱、重症营养不良和小婴儿可无发热，甚至体温低于正常。

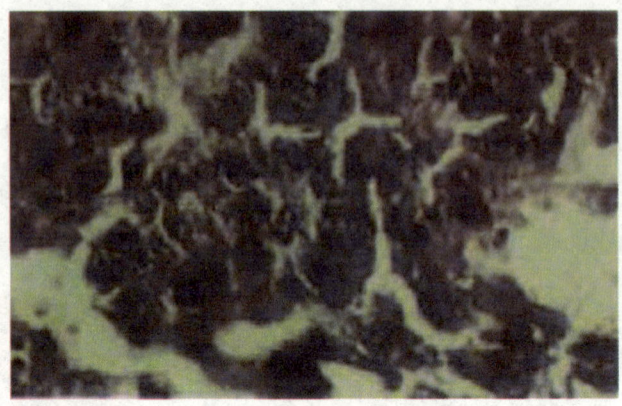
金葡菌败血症

精神萎靡或烦躁不安，严重者可出现面色苍白或青灰、神志不清。四肢末梢发冷、呼吸急促、心率加快、血压下降，婴幼儿还可出现黄疸。

②皮肤损伤：部分患儿可见各种皮肤损伤，以瘀点、瘀斑、猩红热样皮疹、荨麻疹样皮疹常见。皮疹常见于四肢、躯干皮肤或口腔粘膜等处。脑膜炎双球菌败血症可见大小不等的瘀点或瘀斑；猩红热样皮疹常见于链球菌、金黄色葡萄球菌败血症。

③胃肠道症状：常有呕吐、腹泻、腹痛，甚至呕血、便血；严重者可出现中毒性肠麻痹或脱水、酸中毒。

④关节症状：部分患儿可有关节肿痛、活动障碍或关节腔积液，多见于大关节。

⑤肝脾肿大：以婴幼儿多见，轻度或中度肿大，部分患儿可并发中毒性肝炎；金葡菌迁徙性损害引起肝脏脓肿时，肝脏压痛明显。

⑥其他症状：重症患儿常伴有心肌炎、心力衰竭、意识模糊、嗜睡、昏迷、少尿或无尿等实质器官受累

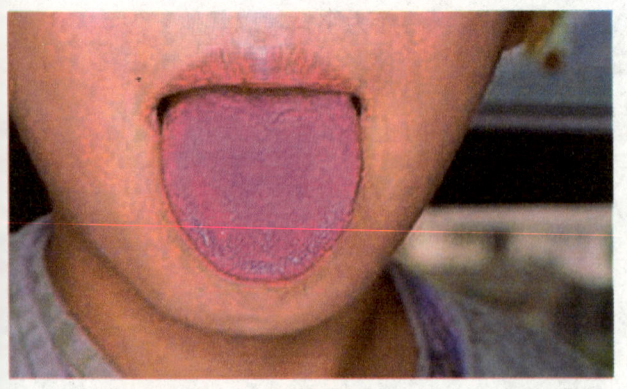
猩红热

第三章 病毒与细菌

症状。金黄色葡萄球菌败血症常见多处迁徙性病灶；革兰阴性菌败血症常并发休克和DIC。瘀点、瘀斑、脓液、脑脊液、胸腹水等亦可直接涂片、镜检找细菌。

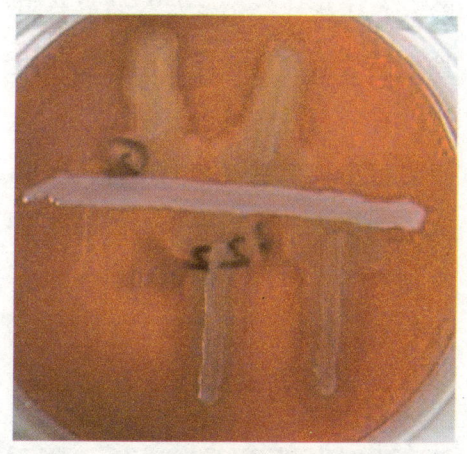

金葡菌败血症

（2）败血症常见种类及特点

①金葡菌败血症：原发病灶常是皮肤疖痈或伤口感染，少数系机体抵抗力很差的医院内感染者，其血中病菌多来自呼吸道。临床起病急，其皮疹呈瘀点、荨麻疹、脓疱疹及猩红热样皮疹等多种形态，眼结膜上出现瘀点具有重要意义。关节症状比较明显，有时红肿，但化脓少见。迁徙性损害可出现在约三分之二的患者中，最常见的是多发性肺部浸润、脓肿及胸膜炎，其次有化脓性脑膜炎、肾脓肿、肝脓肿、心内膜炎、骨髓炎及皮下脓肿等。感染性休克较少发生。

②表葡菌败血症：多见于医院内感染。当患者接受广谱抗生素治疗后，此菌易形成耐药株（有耐甲氧西林的菌株），呼吸道及肠道中此菌数目明显增多，可导致全身感染。也常见于介入性治疗后，如人工关节、人工瓣膜、起搏器及各种导管留置等情况下。

③肠球菌败血症：肠球菌属机

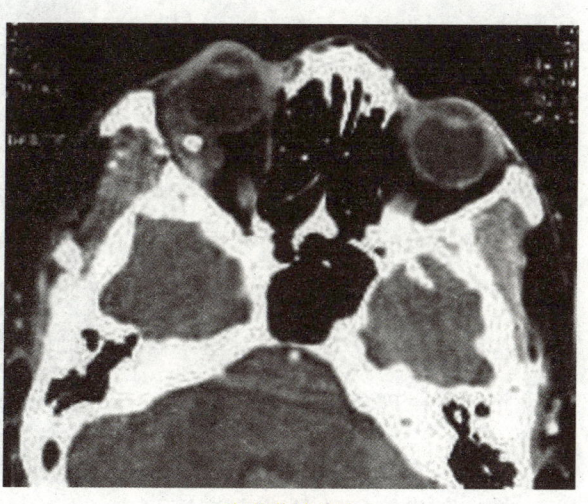

表葡菌败血症

微生物百科——细菌

会性感染菌，平时主要寄生在肠道和泌尿系统。1980年以来，其发病率来有升高，在我国医院内感染的败血症中可占10%左右，在美国也已升至第四位。临床上表现为尿路感染和心内膜炎者最多见，此外还可见到脑膜炎、骨髓炎、肺炎、肠炎及皮肤和软组织感染。

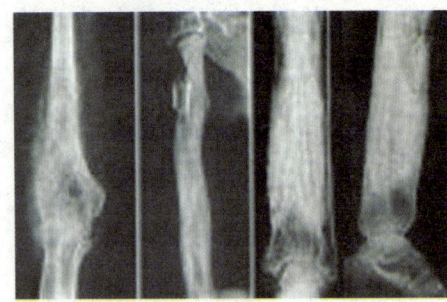

骨髓炎

④革兰阴性杆菌败血症：不同病原菌经不同途径入血，可引起复杂而多样化的表现。有时这些表现又被原发疾病的症状体征所掩盖。病前健康状况较差，多数伴有影响机体防御功能的原发病，属医院内感染者较多。寒战、高热、大汗，且双峰热型比较多见，偶有呈三峰热型者，这一现象在其他病菌所致的败血症少见，值得重视。大肠杆菌、产碱杆菌等所致的败血症还可出现类似伤寒的热型，同时伴相对脉缓。少数病人可有体温不升，皮疹、关节痛和迁徙性病灶较革兰阳性球败血症出现少，但继发于恶性肿瘤的绿脓杆菌败血症临床表现则较凶险，心坏死性。40%左右的革兰阴性杆菌败血症患者可发生感染性休克，有低蛋白血症者更易发生。严重者可出现多脏器功能损害，表现为心律失常、心力衰竭、黄疸、肝功能衰竭、急性肾衰竭、呼吸窘迫症与DIC等。

⑤厌氧菌败血症：其致病菌

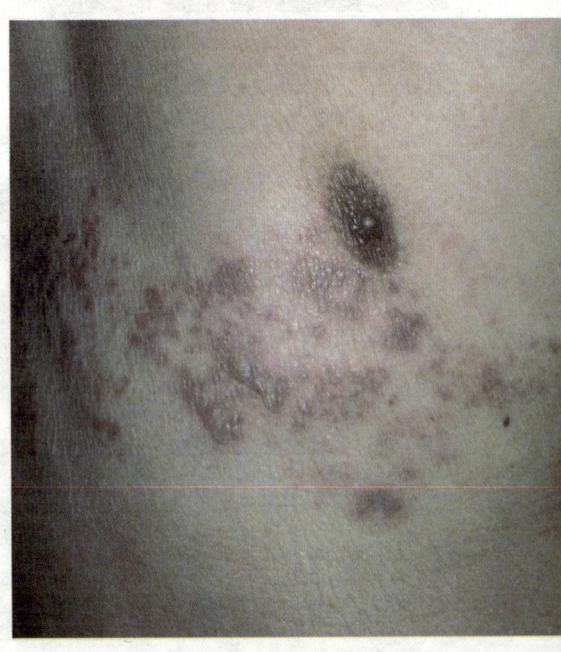

皮疹

第三章 病毒与细菌

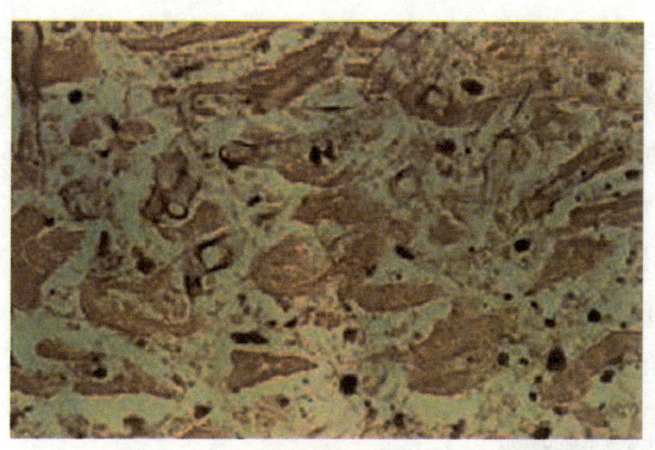

厌氧菌败血症

80%~90%是脆弱类杆菌，此外尚有厌氧链球菌、消化球菌和产气荚膜杆菌等。入侵途径以胃肠道和女性生殖道为主，褥疮、溃疡次之。临床表现与需氧菌败血症相似，其特征性的表现有：

黄疸发生率高达10%~40%，可能与类杆菌的内毒素直接作用于肝脏及产气荚膜杆菌的a毒素致溶血作用有关；局部病灶分泌物具特殊腐败臭味；易引起脓毒性血栓性静脉炎及胸腔、肺、心内膜、腹腔、肝、脑及骨关节等处的迁徙性病灶，此在脆弱类杆菌和厌氧链球菌败血症较多见。在产气荚膜杆菌败血症可出现较严重的溶血性贫血及肾衰竭，局部迁徙性病灶中有气体形成。

厌氧菌常与需氧菌一起共同致成复数菌败血症，预后凶险。

⑥真菌败血症：一般发生在严重原发疾病的病程后期，往往是患肝病、肾病、糖尿病、血液病或恶性肿瘤的慢性病人或是严重烧伤、心脏手术、器官移植的患者，他们多有较长时间应用广谱抗生素、肾上腺皮质激素及（或）抗肿瘤药物的历史。因此患本病的病人几乎全部都是机体防御功能低下者，且发病率近年来有升高趋势。真菌败血症的临床表现与其他败血

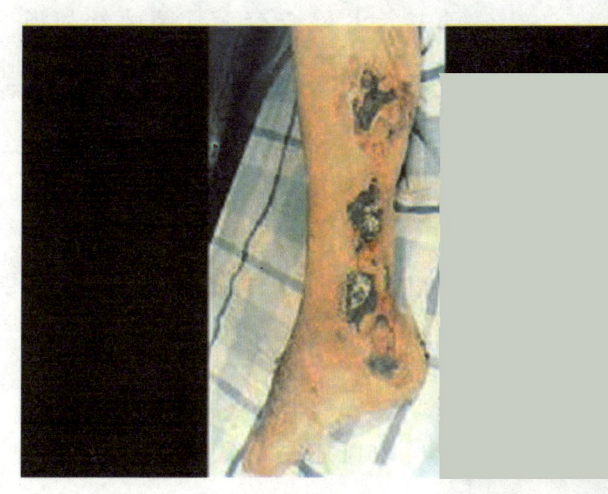

真菌败血症

微生物百科——细菌　161

症大致相同,且多数伴有细菌感染,故其毒血症症状往往被同时存在的细菌感染或原发病征所掩盖,不易早期明确诊断,因此当上述患者们所罹患的感染,在应用了足量的适宜的抗生素后仍不见好转时,须考虑到有真菌感染的可能。要做血、

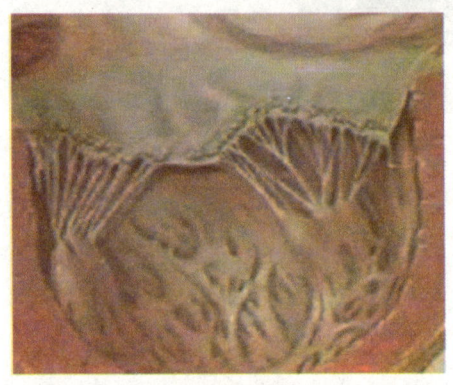

心内膜炎显微图

尿、咽及痰的真菌培养,痰还可做直接涂片检查有无真菌菌丝和孢子。如果在多种或多次送检的标本中获得同一真菌结果时,则致病原即可明确。病损可累及心、肺、肝、脾、脑等脏器及组织,形成多发性小脓肿,也可并发心内膜炎、脑膜炎等。

(3)败血症的感染途径

败血症是由致病菌侵入血液循环引起的。细菌侵入血液循环的途径一般有两条,一是通过皮肤或粘膜上的创口;二是通过疖子、脓肿、扁桃体炎、中耳炎等化脓性病灶。患有营养不良、贫血、糖尿病及肝硬变的病人因抵抗力减退,更容易得败血症。致病菌进入血液以后,迅速生长繁殖,并产生大量毒素,引起许多中毒症状。

各种病原菌常循不同途径侵入机体:葡萄球菌常经由毛囊炎、疖、脓肿、脓疱病、新生儿脐炎等皮肤感染侵入机体,或由中耳炎、肺炎等病灶播散入血;革兰阴性杆菌则多由肠道、泌尿系统、胆道等途径侵入;绿脓杆菌感染多见于皮肤烧伤或免疫功能低下的病人;医源性感染,如通过留置导管、血液或腹

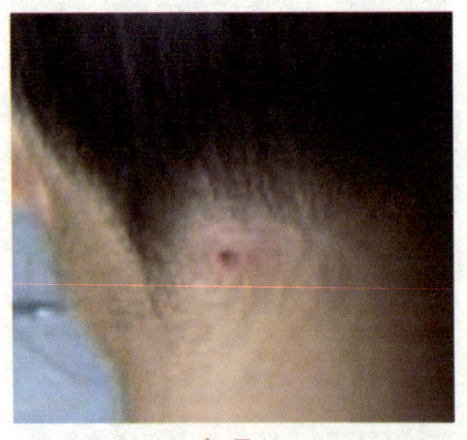

疖 子

第三章 病毒与细菌

膜透析、脏器移植等造成者则以耐药细菌为多。

◆ 麻风病

麻风病是由麻风杆菌引起的一种慢性接触性传染病。主要侵犯人体皮肤和神经，如果不治疗可引起皮肤、神经、四肢和眼的进行性和永久性损害。麻风病的流行历史悠久，分布广泛，给流行区人民带来深重灾难。要控制和消灭麻风病，必须坚持"预防为主"的方针，贯彻"积极防治，控制传染"的原则，执行"边调查、边隔离、边治疗"的做法，积极发现和控制传染病源，切断传染途径，同时提高周

麻风病

围自然人群的免疫力，对流行地区的儿童、患者家属以及麻风菌素及结核菌素反应均为阴性的密切接触者给予卡介苗接种，或给予有效的化学药物进行预防性治疗。

麻风病是一种毁容的疾病，在世界范围内曾是一种常见的病，甚至《圣经》里也曾提到过麻风病。患者多处发生溃疡，并可导致残疾。儿童最容易患这种病，感染这种病后要过

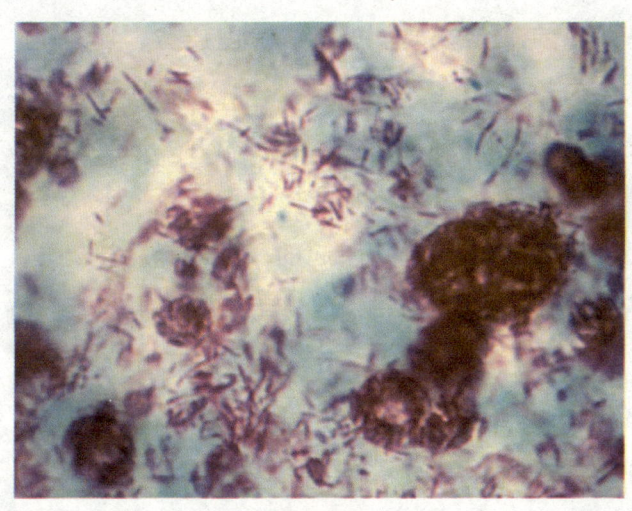
麻风杆菌

微生物百科——细菌　163

2至7年才会发病。由麻风病造成的足部的毁损。麻风病人经过治疗能完全康复。在世界上许多地方，麻风病不能被治愈的原因主要是没钱或缺乏药物。汉森在1868年开始研究麻风病。这种病常常累及一个家庭中的多个成员，许多医生怀疑它可能是遗传性疾病。然而当汉森检查了几个病例的病史后注意到，一旦家庭分裂或家庭成员分居，其他成员就不会患病。所以，麻风病不可能是遗传病。

麻风病村的设立是因为麻风病具传染性。但经几个月的治疗，病人应能回到家中和家人一起生活。根据巴斯德的研究成果，汉森寻找麻风病的致病菌。1873年，他发现了麻风杆菌，并确认是它导致了麻风病。尽管他不能证明两者之间的直接联系，他还是说服了政府：因为麻风病是传染性的，应该将麻风病人隔离起来。直到发现了磺胺，才有了治愈麻风病的方法。麻风杆菌很难被杀死，需要同时服用几种药物。目前世界上仍然有1000至1500万麻风病人，主要分布在非洲、亚洲和拉丁美洲的热带地区。

（1）麻风病的症状

麻风病的症状是在麻风病慢性过程中，不论治疗与否，突然呈现症状活跃，发生急性或亚急性病变，使原有的皮肤和神经损害炎症加剧，或出现新的皮肤或神经损害。其发生的原因尚未完全清楚，但某些诱因如药物、气候、精神因素、预防注射或接种、外伤、营养不良、酗酒、过度疲劳、月经不调、妊娠、分娩、哺乳等许多诱发因素都可引起。近年来认为麻风反应是由于免疫平衡紊乱所引起的一种对麻风杆菌抗原的急性超敏反应。麻风反应分为三型。

第一型麻风反应属免疫反应或迟发型变态反应。其主要发生于结核样型麻风及界线麻风，临床表现为原有皮损加剧扩大，并出现新的红斑、斑块和结节。浅神经干表现为突然粗大疼痛，尤以夜间为甚。原有麻木区扩大，又出现新的麻木区。旧的畸形加重，又可发生新的畸形。血液化验无明显异常，常规麻风杆菌检查阴性，或者查到少量或中等量麻风杆菌。本型反应发生较慢，消失也慢。根据细胞免疫的增强或减弱，分为"升级反应"和"降级反应"。"升级"反应时病变向结核样型端变化，"降级"反应时向瘤型端变化。

第二型麻风反应是抗原、抗体复合物变态反应，即血管炎性反应。发生于瘤型和界线类偏瘤型，反应发生较快。组织损伤亦较严重，其临床表现常见者为红斑，严重时可出现坏死性红斑或多形红斑，常伴有明显的全身症状如畏寒、发热等。此外尚可发生神经炎、关节炎、淋巴结炎、鼻炎、虹膜睫状体炎、睾丸附睾炎、胫骨骨膜炎、肾炎以及肝脾肿大等多种组织器官症状。化验检查，可有白细胞增多、贫血、血沉加速、丙种球蛋白增高、抗链球菌溶血素"O"水平明显增高。反应前后查菌无明显变化，以颗粒菌为主，反应期持续时间，短者一两周，长者数月，逐渐消退。

第三型麻风反应呈混合型麻风反应，是由细胞免疫反应和体液反应同时参与的一种混合型反应。主要发生于界线类麻风，其临床表现兼有上述两型的症状。

（2）麻风病的病变类型

由于患者对麻风杆菌感染的细胞免疫力不同，病变组织乃有不同的组织反应。据此而将麻风病变分为下述两型和两类：

①结核样型麻风：本型最常见，约占麻风患者的70％，

因其病变与结核性肉芽肿相似，故称为结核样麻风。本型特点是患者有较强的细胞免疫力，因此病变局限化，病灶内含菌极少甚至难以发现。病变发展缓慢，传染性低。主要侵犯皮肤及神经，绝少侵入内脏。

②瘤型麻风：本型约占麻风患者的20%，因皮肤病变常隆起于皮肤表面，故称瘤型。本型的特点是患者对麻风杆菌的细胞免疫缺陷，病灶内有大量的麻风杆菌，传染性强，除侵犯皮肤和神经外，还常侵及鼻粘膜、淋巴结、肝、脾以及睾丸。病变发展较快。

③界限类麻风：本型患者免疫反应介于瘤型和结核样型之间，病灶中同时有瘤型和结核样型病变，由于不同患者的免疫反应强弱不同，有时病变更偏向结核型或更偏向瘤型。在瘤型病变内有泡沫细胞和麻风菌。

④未定类麻风：本类是麻风病的早期改变，病变非特异性，只在皮肤血管周围或小神经周围有灶性淋巴细胞浸润。抗酸染色不易找到麻风菌，多数病例日后转变为结核样型，少数转变为瘤型。

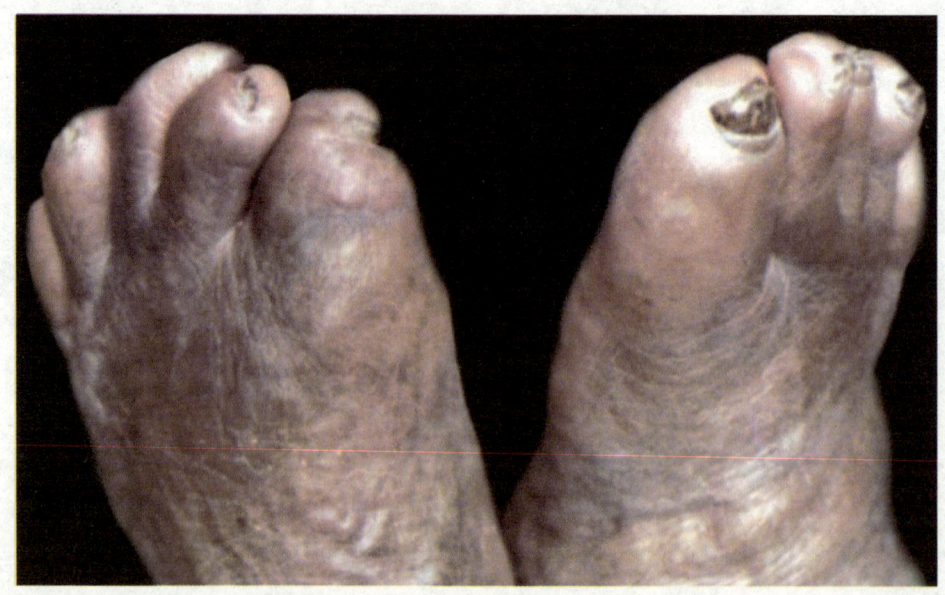

瘤型麻风

第四章 骇人听闻的细菌武器

>>>

细菌武器作为一种生物武器，是由生物（细菌）战剂及施放装置组成的一种大规模杀伤性武器。所谓生物（细菌）战剂是指用来杀伤人员、牲畜和毁坏农作物的致病性微生物及其毒素，包括装有生物战剂的炮弹、航空炸弹、火箭弹、导弹，以及航空布洒器、气溶胶发生器等。它的杀伤破坏作用靠的是生物与生物之间的克制。

　　生物战剂主要以气溶胶和带菌媒介物（昆虫、啮齿类动物）的方式使用，污染近地面空气层、水源和物体，由人畜的呼吸道、消化道、皮肤和黏膜侵入体内，经一定的潜伏期后发病。20世纪初以来，微生物学、生物学和生物技术的发展，为研制生物武器提供了条件。生物武器可引发传染病使人畜发病、死亡，也可大规模毁伤植物，以削弱对方的战斗力，或破坏其战争潜力。在战争史上，传染病引起的非战斗减员常超过战斗减员。国际社会早已认识到细菌武器的危险并形成了禁止研制和生产细菌武器的禁令。

第四章 骇人听闻的细菌武器

细菌武器的历史

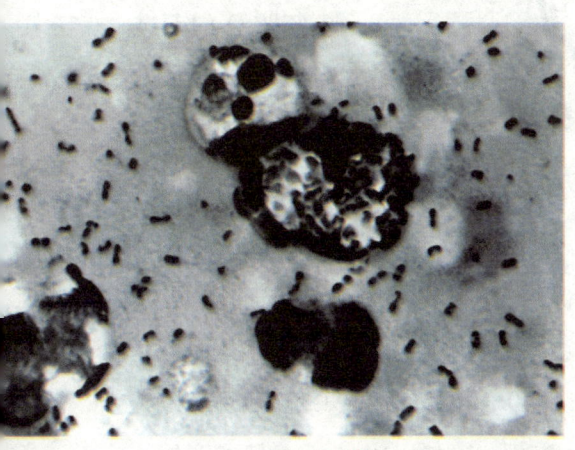

鼠疫

在人类战争史上,细菌武器的使用由来已久。最早使用细菌武器的实例,可追溯到1349年。鞑靼人围攻克里米亚半岛上的卡法城时,由于城坚难摧,攻城部队又受到由中国向西蔓延的鼠疫大流行的袭击,他们便把鼠疫死者的尸体从城外抛到城内,结果使保卫卡法城的许多士兵和居民染上鼠疫,不得不弃城西逃。

1763年,英国殖民主义者企图侵占加拿大,但遭到土著印地安人的顽强抵抗。一个英军上尉根据他们驻北美总司令杰弗里·阿默斯特的命令,伪装友好,以天花病人用过的被子和手帕作为礼物赠送给印地安人首领,以示安抚,结果在印地安人中引起天花大流行而丧失战斗力,使英国侵略者不战而胜。

由于细菌武器如此"神威",因而倍受侵略者的"偏爱"。他们不惜代价,不择手段地从事细菌武器的研究。据记载,在近半个世纪中,至少有三个国家使用了细菌武器。

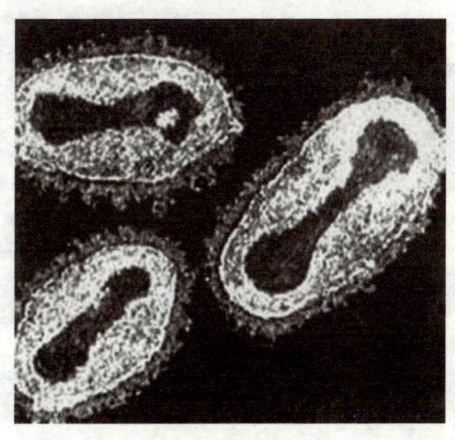

天花病毒

微生物百科——细菌 169

科普知识博览

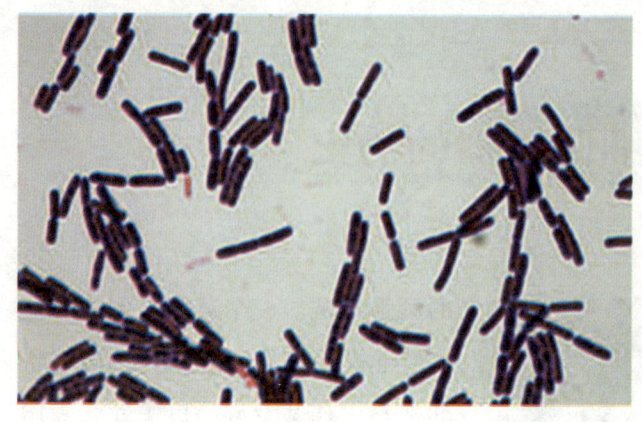

炭疽菌

在第一次世界大战期间,德国曾派间谍携带马鼻疽菌和炭疽菌培养物潜入协约国,将病菌秘密地投放到饲料中,或用毛刷接种到马、牛和羊的鼻腔里,使协约国从中东和拉丁美洲进口的3.45万头驮运武器装备的骡子感染瘟疫,影响了整个部队的战斗力。

臭名昭著的日本731部队就专门从事细菌武器的研制。这个臭名远播的部队每月能生产鼠疫菌300千克、霍乱菌1000千克、炭疽菌500～600千克,并用中国人们作活体试验,仅1940—1943年就使3000多人惨遭杀害。1940—1944年,日本帝国主

微生物百科——细菌

第四章　骇人听闻的细菌武器

美国研制生物武器，是从 1941 年开始的。1943 年美国在马里兰狄特里克堡建立了陆军生物研究所，从事生物武器的研制。根据美国公开的记录报告透露：1971—1977 年间美国每年用于生物战的经费都在 1000 万美元以上，并有专门生产细菌武器的研究所、实验场、工厂和仓库。朝鲜战争期间，美国先后使用生物（细菌）武器达 3000 多次，攻击目标主要是我国东北各铁路沿线的重要城镇如沈阳、长春、哈尔滨、齐齐哈尔、锦州、山海关、丹东等，以及朝鲜北部的一些主要城镇。

生物武器

义曾在我国浙江、湖南、河南、河北、山东和山西等省的 11 个县市多次使用细菌武器，结果在宁波和常德等地鼠疫大流行。在太平洋战争中，日本公然使用了当今世界上最缺德的生物武器——"性病武器"，这是世界战争史上闻所未闻的丑行。

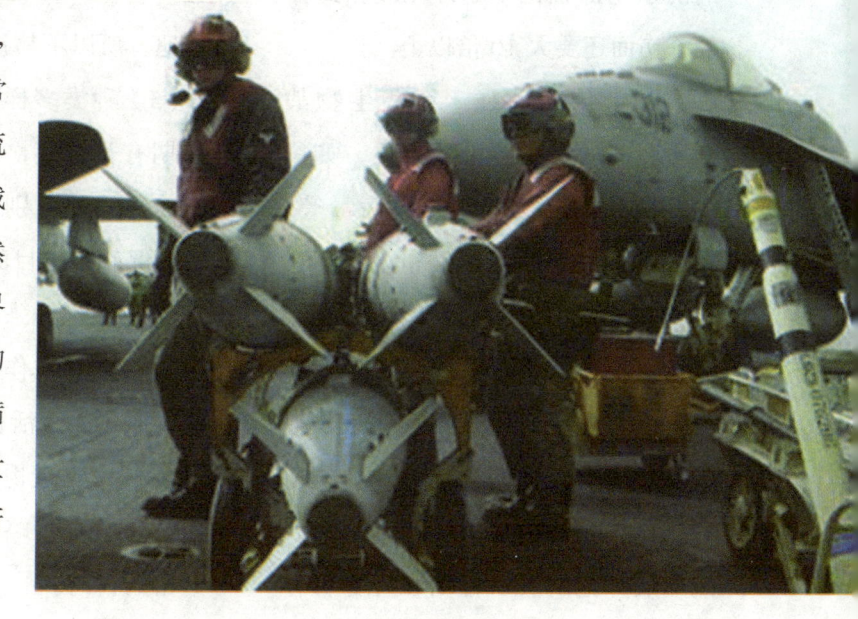

细菌武器的特点

细菌武器之所以受到一些国家，特别是侵略者的青睐，主要是因为它具有以下特点：

（1）面积效应大。10吨生物战剂的杀伤面积比100万吨级核武器的杀伤面还要大10倍以上。

（2）传染性强。有些生物战剂所引起的疾病传染性很强，如鼠疫杆菌、霍乱弧菌和天花病毒等，在一定条件下，能在人和人之间或人与家畜之间互相传染，造成大流行。

（3）危害时间长。有些生物战剂对环境有较强的抵抗力，如伤寒和副伤寒杆菌在水中可存活数周，能形成芽孢的炭疽杆菌在外界可存活数年。

（4）侦察发现难。细菌武器与原子武器不同，施放时不存在闪光和冲击波，再加上气溶胶无色无味，并且可在上风向使用，借风力飘向目的地，所以不易被侦察发现。

（5）种类多样化。生物战剂的潜伏期有长有短，传播媒介复杂多样，途径千差万别，因此可适应不同的情况和军事目的。

（6）选择性强。细菌武器只能伤害人、畜和农作物，而对于无生命的物质（如生活资料、生产资料、武器装备、建筑物等）则没有破坏作用，这符合侵略者利用它达到掠夺财富的目的。

第四章 骇人听闻的细菌武器

细菌武器的发展阶段

细菌武器的发展历史大致可以分为两个阶段：

第一阶段为初始阶段，主要研制者是当时最富于侵略性，而且细菌学和工业水平发展较高的德国。主要战剂仅限于少数几种致病细菌，如炭疽杆菌、马鼻疽杆菌等，施放方式主要由特工人员人工投放，污染范围很小。

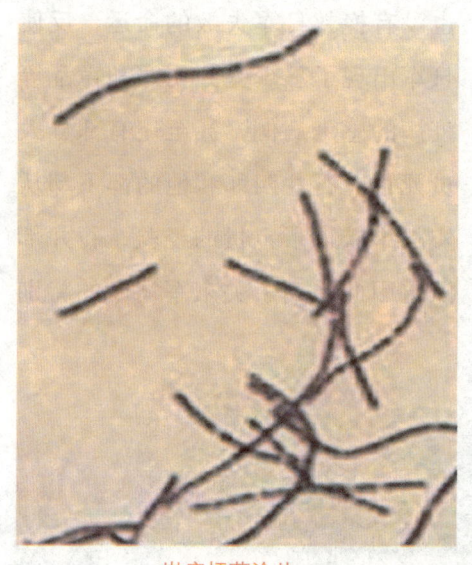
炭疽杆菌涂片

第二阶段自本世纪30年代开始至70年代末。主要研制者先是德国和日本，后来是英国和美国。战剂主要仍是细菌，但种类增多，后期美国开始研究病毒战剂。施放方法以施放带生物战剂的媒介昆虫为主，后期开始应用气溶液撒布。运载工具主要是飞机，污染面积显著增大，并且在战争中实际应用，取得了一定的效果。

微生物百科——细菌

战场上细菌武器的使用

◆ **日苏战场**

1938年和1939年,日、苏两军在中苏、中蒙边界的张鼓峰、诺门坎一带爆发冲突。在这两次战争中,日军都在战场上使用了细菌武器。

在诺门坎之战中,由朱可夫将军统率的苏军机械化部队使日军屡屡受挫。为了挽救败局,日本关东军司令植田谦吉命令驻扎在长春的第100部队和石井四郎的"关东军防疫给水部"(也就是后来的"731部队")开赴诺门坎参战。1939年7月13日,石井四郎派人带领由22人组成的、号称"玉碎部队"的敢死队携带装有各种细菌的容器,到达位于中蒙边界的哈拉哈河,在1公里的河段上施放了鼻炭疽、伤寒、霍乱、鼠疫等细菌溶液22.5千克。与此同时,日军还向苏军阵地发射了装有细菌的炮弹,致使这一地区发生了传染病疫情。由于日军当时还没有解决细菌武器在装运与施放方面的技术问题,使得这次细菌作战还只是一种实验性质,并没有在苏军中引起大规模传染病的流行,也没有挽救日军失败的命运,反使日军出现了不少受到伤寒和霍乱等疫病的感染病例,甚至还有部分人员死亡。石井四郎和他的部下却从实战中获得了宝贵的经验,石井部队也因此受到了关东军司令的特别

第四章 骇人听闻的细菌武器

嘉奖。

除此之外，日军还曾派遣间谍偷越国境，在苏联远东地区的河流和牧场施放细菌，毒害苏联军民。

◆ 朝鲜战场

朝鲜战争中，美军的"毒虫部队"来到朝鲜战场。朝鲜战争的首次细菌战发生于1950年12月，为掩护美军撤退，在平壤、江原道、黄海道等地区撒播了天花病毒。从1952年起，美军加大细菌战力度。同年1月28日，美军战机在中、朝阵地后方，撒播带有传染病细菌的毒虫。其后，美军又在铁原地区、平康地区、北汉江地区撒播大量苍蝇、蚊子、跳蚤、蜘蛛、蚱蜢等带

苍蝇

有传染病细菌的昆虫，毒害中朝军民。美军不仅在朝鲜战场上进行细菌战，美军战机一再侵犯中国领空，侵入中国东北丹东、抚顺、凤城等地区撒播带细菌的昆虫，毒害中国人民。幸亏当地军民及时采取措施，未造成灾难。

◆ 太平洋战场

日军在太平洋战场上也秘密使用了细菌武器，而且这次的细菌战显得更加成熟。1944年6月，转入反攻的美国太平洋舰队实施大规模登岛作战。美军对日军占领的塞班岛进行严密封锁，守岛日军内无粮草弹药，外无救兵援军。日军首

朝鲜战争

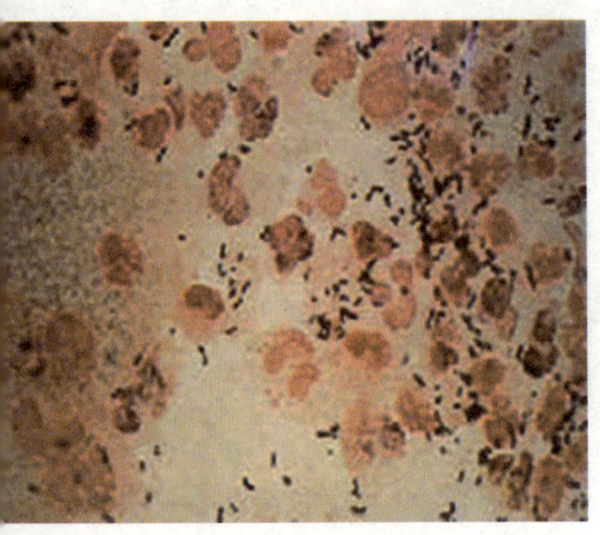

淋病

脑见大势已去，竟然丧心病狂地决定实施战争史上最肮脏的"金马计划"。金马是日本著名人体病毒学博士，日本军国主义的疯狂追随者。1942年春，他带着自己的科研成果向军部提出了一个无耻的建议。太平洋岛屿的土著居民，性格粗犷豪放，再加上天气炎热，女性多袒胸露腹，甚至有不着裙裤者，性关系比较混乱。在太平洋作战的美军士兵性行为一向不检，接触土著妇女，极易做出荒唐事。鉴于此，金马建议，在日军撤出前，可先使岛上妇女感染性病病毒，以期在美军士兵中迅速传染，削弱其战斗力，皇军则可不战而胜。为了挽回败局，日本军部在1943年春采纳了"金马计划"。为获得大量性病病毒，金马带着助手们日夜奋战，在他的实验室里培养各种病毒，除一般淋病、梅毒外，还有一种俗称"雅司病"的热带性病病毒，感染后生殖器腐烂流脓，绝无医治的特效药，患者很快就会毙命。金马的性病病毒，既有针剂注射，也有口服片。1944年，金马的各种性病病毒已经准备就绪。他率领一支由医生、护士和检疫人员组成的"特种作战部队"，从日本本土搭乘一艘大型潜艇，携带一大批这种世界上最缺德的"武器"，开赴太平洋马里亚纳群岛给土著妇女们接种病毒。但是，性病武器的使用也没能挽回日本的败局，其作战

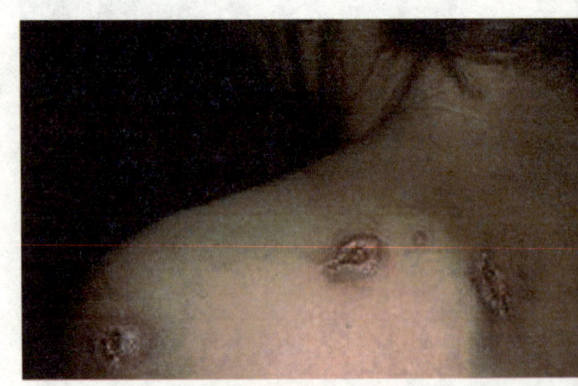

梅毒

第四章　骇人听闻的细菌武器

效果日美双方均未公布。这是世界战争史上闻所未闻的丑行。

◆ **中日战场**

1935年，日本侵略者在我国哈尔滨附近的平房镇建立了一支3000人的细菌部队，这就是臭名昭著的731部队，专门从事细菌武器的研制。据受审的12名侵华日军细菌战战犯交待：在被送往第731和第100部队当作"木头"（日军把细菌实验的受害者称作"受实验的材料"，日文读作"马鲁大"，意为"剥了皮的原木"）的人中，既有中国的抗日志士和爱国者，也有苏联的红军官兵、情报人员和白俄家属，更多的是普通中国百姓。凡是被送进日军第731部队和第100部队监狱后用做活体实验的人，没有一个能活着出来的。

在中国战场中，日军曾多次组织远征军队，将染有鼠疫等细菌的跳蚤和食品，用飞机在中原和江南、福建一带广泛散播。据材料记载，日军的这一残暴行径，曾在浙江宁波、金华、衢州，湖南常德等地引发疫病，导致许多无辜百姓惨死。1943年秋，侵华日军实施了代号"十八秋鲁西作战"的细菌战。在不到两个月的时间内，鲁西、冀南24个县共有42.75万以上的中国无辜平民被霍乱杀害，而这仅是部分受害区域的统计数字。

战争期间，日军批量"生产"的细菌竟然以千克计量。据专家统计，假如731部队所生产的细菌都能"成功"起作用的话，其数量足够杀死全人类！

日本细菌武器对我国人民的残害

在20世纪20年代末至30年代初，日军在东京日本陆军军医学校内建立了细菌研究室，对外称"防疫研究室"。1931年"九一八"事变后，日军将细菌战的A型研究（亦称攻击型研究，即用活人做实验对象，检验其用于战场的效果）转移到中国东北。日本政府用中国东北这块最新的殖民地，加快细菌战的研究，以期早日用于实战。

◆ 细菌战元凶石井四郎

石井四郎，一个极端国家主义者、疯狂的法西斯主义分子。1892年6月25日出生于千叶县千代田村加茂地区一个大地主家庭，青少年时期接受了狂热的军国主义教育，1920年12月从京都帝国大学医学部毕业后，在日本陆军近卫师团担任中尉军医。1924年，他再入京都帝大研究生院学习细菌学、病理学等，1927年6月获得微生物学专业博士学位。1928年8月后赴西方考察，研究细菌战。1930年回国后竭力鼓吹细菌战，从而得到日本军部的赞赏和支持，并得到从裕仁天皇掌握的秘密账户里每年20万日元的年度预算经费，并逐年

石井四郎

第四章 骇人听闻的细菌武器

增加。从1932年起，直至日本投降，石井四郎就一直领导着侵华日军属下的细菌战部队，其中10年时间在第731部队任职，1941年8月被调到南京担任第一军军医部长，这座"杀人工厂"后来发展到18个支队，分布在日军占领下的中国各地。太平洋战争爆发后又扩展到缅甸仰光和新加坡、马尼拉等地，每个支队120至500人不等，形成了一个巨大的细菌战网络系统。日本军部鉴于石井四郎在细菌战方面取得了"惊人成就"，每隔三年就提升他一次，最后晋升到中将军衔，并得到过日本裕仁天皇颁发的高级勋章和通令嘉奖。

◆**在中国的细菌战部队**

日本军国主义为扩大侵华战争的需要，从1931年"九一八"事变至1945年9月日本投降的14年时间里，由石井四郎一手策划，在中国组建了许多细菌战部队的秘密基地。据日本史学家常石敬一教授的研究统计，日本细菌战部队的人员共有2万余人，规模较大的有以下

裕仁天皇

五支细菌战部队。

（1）第731部队：用活人做实验

1932年8月下旬，石井四郎与4名助手及5名雇员来到黑龙江省，在拉滨线（拉林——哈尔滨）的背荫河车站附近建立了第一个细菌实验所，对外称"关东军防疫给水部"，又称"东乡部队"（因石井四郎崇拜日俄战争获得特殊勋章的东乡平八郎元帅而取名），1941年6月改称"第731部队"。

1936年春，石井四郎的细菌实验基地移到哈尔滨以南20千米的平房地区，面积约有6平方千米。营

区内有150多栋楼房,其主楼"四方楼"面积达9200平方米。关东军强迫5000余名中国劳工、用了2年时间建成了这座"杀人工厂"。从1936年至1945年8月,有1.5万名中国劳工被强迫在此劳动,其中有5000多人死于营内非人的待遇。1941年8月由北野政次少将(因其残忍足以与石井相匹敌,而后晋升为中将)接替石井四郎继任731部队长。

731部队的活体解剖

第731部队组建时的编制大约是300人,1940年扩大到3000人,到临近日本投降时增加到5000余人。其中医师和研究者占10%左右,技术后援人员占15%,余者为使用细菌武器的战斗人员等。第731部队本部下辖八个部:

第一部是研究部,主要从事鼠疫、霍乱、副伤寒、赤痢、炭疽等病毒的研究,并用活人做实验。据此特负责管理关押400人的秘密监狱;

第二部是实验部,主要进行有关细菌炸弹的开发和测试,并负责培育和繁殖供散布瘟疫的寄生虫,如跳蚤、田鼠等;

第三部名为防疫给水部,主要负责医院管理和净水处理,实际上是被分配制造细菌炸弹,地点设在哈尔滨市内;

第四部负责管理生产病原菌的设备和储存与保养随时生产出来的细菌;

第五部即教育部,负责731部队新队员的培训,其成员经常是按例定期从日本本土调到平房或各支队的,石井四郎在平房基地为日本培养了数千名细菌战干部;

第六部为总务部,负责平房设施的事务;

第七部为资材部,主要制造细菌炸弹,同时负责准备和保管材料,

第四章 骇人听闻的细菌武器

包括制造病原菌必不可少的琼脂；

第八部为诊疗部，负责731部队队员的一般疾病的治疗，它相当于平房的医务所。

据原第731部队细菌生产部长川岛清在1949年12月伯力军事法庭供认："731部队每年因烈性传染病实验而死的囚犯人数不下600人。"仅他本人1941年至1945年的5年任职期间，被用为人体实验而杀害的中国人、朝鲜人、苏联人和蒙古人等，至少在3000名以上。

（2）第100部队：披着"军马防疫厂"外衣

第100部队于1936年春组建，对外称"关东军军马防疫厂"，地点设在长春城南6千米处的孟家屯，占地面积约20平方千米。1941年6月改称第100部队，它一直由职业军队兽医若松有次郎少将领导。表面上是为了研究关东军所用马匹和其他有用动物可能感染的各种疾病，实际上是从事细菌战研究的另一座"杀人工厂"。

第100部队主要生产炭疽、鼻疽、鼠疫和马鼻疽4种病原体细菌。每年可生产1000千克炭疽菌、500多千克鼻疽菌和100千克锈菌。另外，还生产大量的化学除草剂。

第100部队先后在大连、海拉尔、拉古、克山、密山、鸡西等地建立了支队。侧重研究在野外大量使用各种细菌和烈性毒药大规模杀害牲畜和人的方法及其效果，其实验范围南到广东，西到西安及古丝绸之路上的一些城市；近及长春市内及其周围地区；北至满洲里、内蒙古与苏联的边界及至西伯利亚地区。

731部队细菌战小动物地下实验室

（3）荣第1644部队：细菌生产能力很强

荣第1644部队于1939年4月18日在南京建立，对外的公开名称是"中支那防疫给水部"或"多摩部队"，这是石井四郎建立的第三个主要的"杀人工厂"。石井四郎选中增田知贞为南京新建细菌部队的代理部长，增田知贞1926年毕业于京都帝国大学医学院并同时投身日本陆军，1931年获京都帝国大学医学院微生物学博士学位。1937年9月，他担任了石井四郎细菌部队的一个下属机构大连临时防疫所的负责人，并成为石井四郎的高级助手。

荣第1644部队位于南京市中山东路的一所原6层楼高的中国医院内，其司令部的司令官的办公室和各个行政管理办公室即在大楼中。

荣第1644部队与第731部队一样，研究已知的所有疾病，但主要侧重于研究霍乱、斑疹伤寒和鼠疫，另加蛇毒、河豚毒和砷。荣第1644部队在规模上比731部队和100部队都要小，但却有巨大的细菌生产能力，它的主要细菌培养室

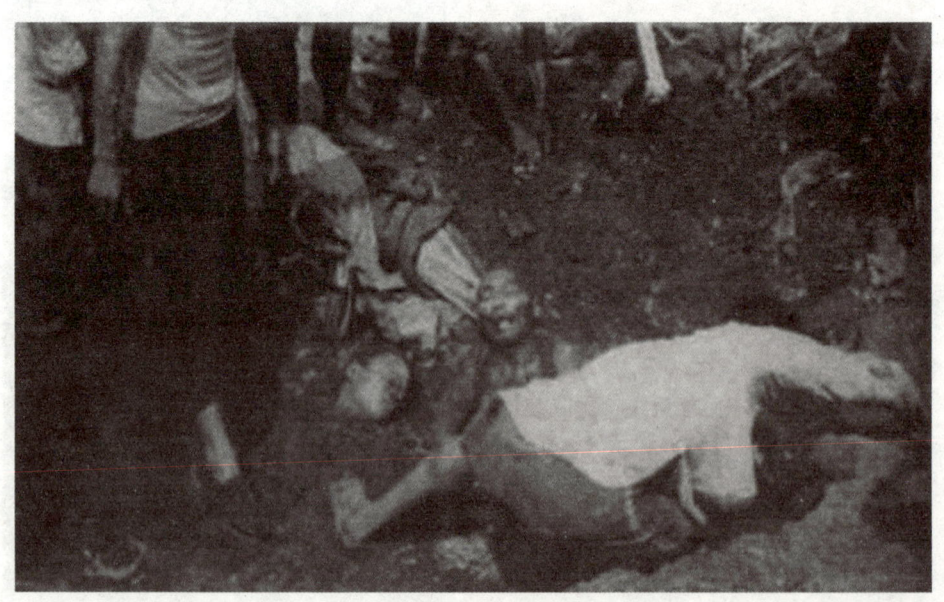

被毒死的中国人民

第四章 骇人听闻的细菌武器

拥有2个自闭筒,有200个石井式培养器,60个科哈式锅炉和100个繁殖跳蚤的汽油桶,一个生产周期能生产10千克细菌。

(4)北平甲第1855部队:投降前销毁所有资料

七七事变后,日军迅速侵占了北平市天坛西门的原国民党政府中央防疫处,建立了"北支那防疫给水部",直属于日本陆军参谋本部第九技术研究所(登户研究所),直接受日军华北派遣军总司令部领导。部队长初为黑江,继为菊池。1939年10月,西村英二上任,"北平甲第1855部队"正式命名,成为日军在北平、南京、广州和新加坡组建的四支新的细菌战部队之一。

第1855部队主要研制和生产鼠疫、伤寒、霍乱、痢疾、黑热病、疟疾等细菌和原虫,并饲养大批老鼠和跳蚤。1942年春在冀中被捕获的日本特务机关长大本清招供:"日本在华北的北平、天津、大同等地都有制造细菌的场所,日军部队经常配有携带大量鼠疫、霍乱、伤寒

731部队的细菌炸弹

等病菌的专门人员,只要上级下达命令就可以施放。"1944年夏,第1855部队把丰台中国俘虏收容所的19名中国人进行人体细菌病毒实验。日本投降前夕,第1855部队用了一个星期的时间销毁全部文件和器材。因此,究竟杀害多少华北民众,有待于进一步深入调研。

(5)波字8604部队:设在广州的细菌部队

日军侵占广州及珠江三角洲地

区后，于1939年初正式编成波字8604部队，对外称"华南防疫给水部"，本部驻广州市原百子路中山大学医学院内。该部为师团级单位，编制1200余人，其中专业将校100人，是日军在华南地区的一支重要细菌战部队。部队长先后为田中严军医大佐、佐佐木高行、佐藤俊二、龟泽鹿郎。本部下设6个课。

波字8604部队除了给日军做防疫给水工作外，主要是进行细菌战。防疫给水单位驻广州市郊江村，对人体进行细菌实验则在广州南石头难民收容所。据前侵华日军波字8604部队班长丸山茂回忆证实，1942年他所在的日军细菌战部队向广州南石头难民收容所秘密使用细菌战剂，杀害中国人上千名。

波字8604部队每月可生产10千克鼠疫蚤，并先后从东京运送大批鼠疫、伤寒霍乱、白喉、赤痢等病菌，于1939年6月、1940年6月、1941年5至6月和1942年，在广九铁路沿线、广东阳江、乐昌、谦江、湛东和海南等地投放，造成华南地区在1942至1943年间鼠疫、霍乱等疫病流行，杀害了大量中国军民。

◆ **大量战犯获美庇护**

侵华日军5支细菌战部队仅人体实验所杀害的中国人（含少数朝鲜人、苏联人和蒙古人）达2万人以上（据不完全统计为20899人，其中第731部队杀害8400余人，第100部队杀害5400余人，荣第1644部队杀害6080余人，北平甲1855部队杀害19人，波字8604部队杀害1000余人）。与此同时，日军在侵华期间，通过飞机播洒、向江河

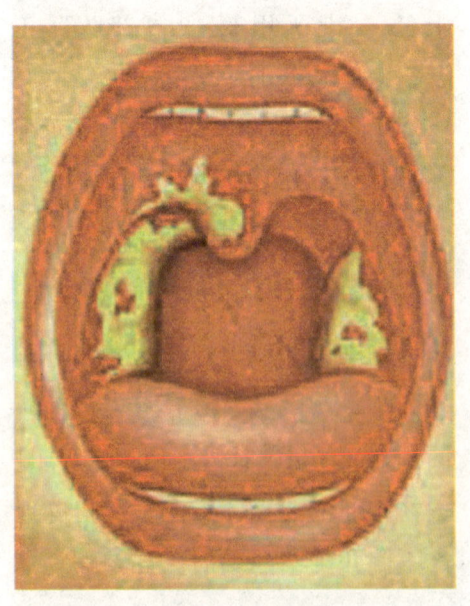

白 喉

第四章 骇人听闻的细菌武器

都与日本细菌战有关,另外有5000多名日本军人在某种程度参与过细菌战计划。但是,理应受到严惩、当属甲级战犯的石井四郎、北野政次、若松有次郎、增田知贞等人(还有在哈尔滨平房、长春、南京以及其他细菌部队的众多中层人员该列为乙级或丙级战犯),却被美军占领当局庇护起来,成为美国获取细菌战研究提供情报的"有价值的合作者",而被免予起诉。

霍乱

水源投放鼠疫、霍乱、伤寒病菌等方式实施细菌战,所杀害的中国民众,据不完全统计有769772人,感染后而死亡者35万余人,共计约120万人(约为111.9万余人)。如果加上细菌战所扩大传播和持续性疾病流行时间长,其死亡人数更是一个高出当时记载数倍而难以统计的数字。

日本战败投降后,在远东国际军事法庭被审判的日本战犯中,半数以上

北野政次